OVERSEAS FINANCING

境外融資1

中小企業上市新通路

高健智 / 著

新經濟的新資本市場 2018/09/09

台灣經濟研究院院長、台大經濟系教授｜林建甫

　　近年來創新浪潮席捲全球，除了 Google、Apple、Facebook、Amazon 等巨擘大舉投資人工智慧、大數據、物聯網、共享經濟、金融科技等技術，加速了數位化時代的到來，更重要的是，Uber、Airbnb、阿里巴巴等這些市值超過 10 億美元的「獨角獸」企業崛起。這些透過「創意、創新」驅動並結合最新技術應用的新創企業，在短短幾年間，就成為影響各國的大型企業，各界優秀的菁英人才紛紛趨之若鶩。由於有了更多人才、資金的投入，刺激加速產業的轉型與升級，徹底改變了原有產業的生態。

　　從經濟學的角度來看，資本市場是企業籌資重要的平台。在初級市場，透過股票的發行，讓企業及資金需求者能順利地籌措到營運、擴展需的資金。在次級市場，金融中介機構

扮演資金平台，透過各種投融資工具提供企業資金。因此資本市場又被認為是經濟運作的血脈，是健全經濟發展最重要的基石之一。

然而，隨著經濟結構的轉型，現今的資本市場也隨著企業的腳步正在轉變。愈來愈多跨領域、跨產業、跨國家的新興企業出現。不僅資金的流動更加快速，許多企業也更難被局限在單一國家、區域之內。隨著業務版圖的擴展，有能力、有潛力的企業，往往希望能在能見度、本益比、法規制度等更好的金融中心，做初次上市（IPO）的募資。另一方面，數位經濟企業具備網路外部性的特性，企業必須在短時間內養出足夠的用戶數量，取得一定市場位置，才能生存。雖然市占率愈大，生存機率愈高，可是創業初期的燒錢，大量的成本投入，很可能還未上市，已經有一大堆成本需要攤提。

因此數位經濟時代的資本市場，也必須與時俱進，不僅要能國際化，更要能打「時間戰」、「持久戰」，才能以更快速的方式取得資金或發債，並透過來自各國的資金，以不斷電的方式提供持久後援，才能打得起這種商戰，支持具備潛力的獨角獸企業發展。

眾所周知，中國大陸 IPO 審核期太長。根據證監會的資料，2016 年 6 月底大陸股市 IPO 排隊企業高達 895 家，被外界戲稱為「堰塞湖」。除了上市申請的手續較為繁瑣，需要通過會計師事務所、律師事務所，證券公司等中介機構。也有不少保薦機構抱有僥倖心理，或是先占位，在排隊過程中

再完善上市要求，以求節省時間。這兩年雖在證監會的督促下，2017 年以來已有 282 家企業撤回 IPO 申請，但迄今仍有 279 家企業在排隊。很明顯在經濟快速成長的加持下，大陸境內 IPO 供不應求，有實力的企業往往無法等待太久，不得不走向國際。

雖然美國、香港、新加坡等國際第一級金融中心，對融資具備很多好處，更有助於借力使力打入國際市場，但同時競爭環境也十分殘酷。日前台灣直播龍頭 M17 在美國 IPO 失敗，最大的因素就是其商業模式難以吸引投資人目光，「敲了鐘卻三個交易日無買賣」的結局，最終 IPO 破局，很明顯這是一個十分現實的市場，醜媳婦總要見公婆，一旦市場認為你說的故事不能實現，不會給你留任何情面。

高健智董事長以長期輔導企業上市的專業經驗，著作本書，精選大陸 20 家公司到香港、美國、澳洲、亞歐等交易所 IPO 成功的案例，從傳統產業、服務業、金融業到新創產業都有，幾乎也涵蓋了各行各業。萬洲國際是全球最大的豬肉食品公司，重慶富僑是「足浴」連鎖企業，福耀玻璃是全球第二大汽車用玻璃製造商、銀科控股是成立才五年的獨角獸，宜人貸是大陸最早、最大的 P2P 借貸平台等等，這些企業在國外國際金融中心 IPO 的實際過程，不僅能提供想 IPO 企業借鏡，更重要的，也能了解這些企業成長、決策、選擇 IPO 的思維，值得所有企業家閱讀研究參考。

企業走向國際市場募資是好事，一方面代表該企業的經

營前景好，另一方面也提升國際市場的能見度，有助於未來業務的拓展。然而，我們也必須提醒兩岸政府，若有決心要發展新經濟，必須改變資本市場封閉、老化的問題。鬆綁法規，打造一個歡迎獨角獸企業的籌資環境，包括引進開放同股不同權、沒有獲利也可以掛牌等新的新資本市場審查觀念，給新創企業更大的自由度。如此才能夠與國際接軌，共享新經濟的契機。

序

近兩年全球 IPO（首次公開募股）市場一路增長，中國
眾多知名企業和大型企業成功上市融資。但與此同時，中國
大量的中小企業生存發展面臨著成本上漲、資金供給緊張和
融資成本快速上漲等困境，而這些困境歸結起來，大部分都
是需要透過融資來解決的問題。面對嚴峻的生存壓力，中小
企業的融資需求正與日俱增，在大陸資本市場融資困難的情
況下，中小企業紛紛尋求突破，尋找境外上市的機會。

在全球經濟一體化的今天，有遠見的中國企業家正嘗試
走入國際資本市場。透過境外融資迅速壯大企業，並與國際
接軌，而許多境外證券交易所在見證中國經濟高速發展之後，
也正積極推動中國企業在其證券市場發行股票並上市。

2015 年全球股市跌宕起伏，中國股市也經歷了「雲霄飛

車」式的震盪。在美國等境外上市的中概股紛紛遭遇被做空和集體訴訟，有的企業甚至選擇了退市或私有化；而在中國A股上市的企業，也都在所難免地被捲入了這場「大潮」之中，更不用說那些在籌備上市過程中迷茫等待著的企業。雖然經歷了這麼多的困難與挫折，但我堅信大多數企業的上市之心仍未磨滅，他們只是在等待更好的機會，準備在成功上市的道路上繼續奮戰……。

實際上，除了中國企業以往在境外上市的常規選擇——美國和香港之外，境外還有許多可供選擇上市的資本市場，如澳洲、倫敦、新加坡等，只是有的境外資本市場並不被國人所熟知罷了。例如澳洲資本市場作為亞太地區資本市場的主要成員之一，與其他境外資本市場相比較，對中國中小企業就具有獨特的優勢。

這些尚不為人所熟知的新市場，正受到越來越多的關注，為大陸的中小企業在境外上市融資提供了新選擇，也促使其逐漸改變他們上市融資的策略。它讓正面臨抉擇的中小企業們，看到了另一種可能性，一種企業持續發展的可能性。那這些新市場到底呈現什麼樣的情況？有什麼與眾不同之處？這正是本書力求解答的問題，也是我寫這本書的原因之一。

在講述境外融資的背景之外，我也以澳洲資本市場的案例來說明上市前的準備工作、上市的申報過程，以及上市後的持續責任等問題。事實上，企業在上市後能融到多少資金固然重要，但無論是其在準備上市的過程，還是在上市後的

持續責任，都是促使企業不斷規範並完善其經營方式的一個過程，也同時能讓大陸的企業逐步與國際接軌，使其管理模式更為先進。

在本書的寫作過程中，集合了展騰集團內部研究團隊的大量資料支援，並聽取了北交所（北京產權交易所）總裁熊焰先生等業內專業人士的寶貴意見，還有溫慧抒和田宏鵬兩位特約編輯對書稿的撰寫和審讀提供了大量的幫助，在此一一深表感謝！同時也希望我的這本小書，能為有需要的人士提供些許幫助。

高健智

2016 年 3 月 1 日於北京

引言

．．

對於全球 IPO 市場來說，2014 年是收獲頗豐的一年。據安永發布的《2014 年全球 IPO 市場趨勢》統計顯示，2014 年全球共有 1,206 宗 IPO，融資額達 2,565 億美元，較 2013 年分別增加了 35％和 50％，全球 IPO 融資額創下了過去 4 年的新高，成為自 2010 年以來全球 IPO 市場表現最好的年份。在這一年中，全球 IPO 募集資金超過 2 千億美元，募集額超過一億美元的 IPO 家數有 375 個。

與此同時，2014 年還出現了美國歷史上規模最大的 IPO──中國電子商務巨擘阿里巴巴 9 月份於紐約證交所掛牌上市，籌集資金高達 250 億美元，更是創下了 IPO 市場有史以來的融資額最高紀錄。

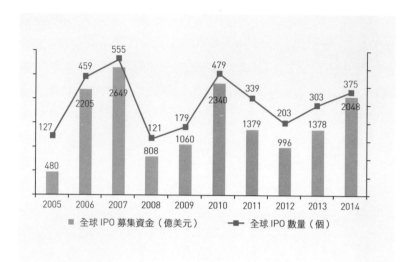

全球 IPO 募集資金（億美元）　　全球 IPO 數量（個）

2014-2015 年全球 IPO 市場

　　據 IPO 研究機構復興資本發布的最新報告，受市場波動性上升影響，從 2015 年第三季度開始，全球 IPO 市場顯著放緩，IPO 籌資額為 136 億美元，同比下滑 77%，為 2012 年第一季以來的最低水準。報告顯示，2015 年第三季北美和亞太地區 IPO 籌資額分別占到全球的 37% 和 34%。全球 IPO 平均回報率為 3.2%。新股上市後表現疲軟，在這樣的情勢下，全球 IPO 指數在第三季下滑 14.9%。在經歷了 2014 年全球 IPO 的好景氣後，誰家的市場會延續曾經輝煌的業績？

中國：A 股市場在 IPO 重啟與暫停間經受考驗

2014 年算得上是中國大陸 A 股市場的好年份，IPO 的重啟以及滬港通的推出，讓整個市場重新活躍起來。在這一年中，A 股市場共有 127 家公司首發上市，募集資金約 808 億元人民幣。

雖然 A 股市場迎來了解禁，但 A 股新股發行本益比和發行價一直維持較低水準。從 2014 年的資料來看，發行的 127 支新股的平均發行本益比只有 23.82 倍，這個資料也是 2005 年以來的最低值，而超過 85％的新股發行本益比低於所屬行業的平均本益比。滬深證券交易所在 IPO 首日回報表現方面都領先最熱門的美國和香港市場。2014 年，中國證交所 IPO 回報折算成本年度回報率是 133％，用這種演算法，香港、英國主板及美國分別只有 4％、-0.3％及 27.8％。

2014 年，中小型企業仍是 A 股市場首發上市的 127 家企業中的主力軍，但募集資金超過 10 億元的新股占比很小，只有 11 家，為 2006 年以來數量最少的一年。工業和科技傳媒通訊等領域仍然是 A 股 IPO 的最為集中的行業，其中工業最受大陸投資者青睞，占據收入的 25％，交易量的 31％；科技、傳媒和電信行業位列第二；而醫療行業 IPO 平均首日回報最高。2015 年上半年，上海證交所主板有 9 起 IPO，獲得 74 億元人民幣的融資。深圳證券交易所創業板有 25 起 IPO，共融資 102 億元人民幣；中小板有 5 起 IPO，融資 32 億元人民幣。

經過 2014 年 A 股市場的持續回暖，A 股 IPO 在 2015 年上半年迎來了近幾年以來最大的爆發，連續兩季上海證券交易所成為全球交易所 IPO 融資排行榜上的第一名。據不完全統計，2015 年上半年國有企業在全球股權資本市場的募資總額達 849 億美元，較 2014 年同期（464 億美元）增長 83.2%，創歷年來上半年募資總額的最高紀錄。

雖然 2015 年上半年 IPO 迎來爆發式增長，但隱藏在資本市場繁榮的背後，同樣是暗潮洶湧。隨之而來的 A 股市場大幅度波動，迫使證監會不得不在 7 月份暫停 IPO，讓中國的 IPO 市場一時間歸於平靜。

美國：阿里巴巴「一枝獨秀」

與此同時，在大洋彼岸的美國。2014 年紐約證券交易所和那斯達克總共有 288 宗 IPO，融資額分別為 734 億美元和 217 億美元，共計 951 億美元。

其中，跨境 IPO 宗數為 67，融資規模為 408 億美元，分別占全球的 52% 和 81%。顯然美國較其他任何地區更能吸引跨境 IPO，其證券交易所在上市宗數及融資額上都是全球最多。值得注意的是，在眾多的跨境 IPO 中，有 15 家來自中國大陸的企業在美成功首發上市，共集資 291 億美元，創造了大陸企業赴美上市的小高潮。在這些赴美上市的企業中，電商企業的表現最為強勁，在集資額排名前五的企業中，電商

企業占三席，其中阿里巴巴一家公司就占了美國全年 IPO 額度的四分之一，並創下全球 IPO 歷史的最高紀錄。

　　這 288 宗 IPO 主要集中在醫療、科技和金融領域，它們分別 IPO 融資 99 億美元、360 億美元和 157 億美元。可以看出科技領域依然是美股市場最受青睞的領域，可謂一馬當先。三大優勢領域融資占比加起來超過 60%，進一步擠占了眾多傳統行業的占有率。但是，受到市場環境和併購活動的影響，美國市場在 2015 年的表現明顯下滑，多宗 IPO 交易被推遲或取消。尤其是在第三季美國市場 IPO 平均回報率為 -4%，為 2011 年以來最低。在 IPO 的行業結構方面，傳統優勢的醫療板塊繼續保持優勢地位，而科技板塊卻僅有一宗 IPO 發行，兩大領域此消彼長，使得醫療領域迎來了 15 年以來最高的 IPO 數量。由此可以看出，美股市場對科技領域的投資逐漸變得謹慎，諸如阿里巴巴這樣的「奇跡」不再那麼容易出現。

香港：融資規模連續兩年增長

　　香港聯交所在 2009-2011 年連續三年的繁榮後，從 2012 年開始持續走低。但進入 2014 年後，香港聯交所全年的 IPO 宗數和融資額度都有所增加，共有 108 家公司在香港交易所主板上市，共融資 288 億美元，僅次於紐交所的總融資（約 440 億美元）。2014 年年底，萬達商業地產在香港聯交所掛牌，成為年末香港聯交所的重頭戲。萬達商業地產的成功上

市也幫助香港聯交所年度 IPO 融資額度重新回到了全球第二名。

2014 年，香港聯交所 86％的融資企業來自中國大陸，僅廣核電力和大連萬達兩宗 IPO 總計融資就達近 69 億美元。相關中國股份在主板總融資額約為 604 億港元，約占股份總市值的 21％。

2015 年上半年香港 IPO 數量和總融資額繼續保持增長，這使得香港聯交所一舉超越了上半年異常火爆的上海證券交易所，成為 2015 年上半年全球新股集資規模最大的市場。

英國：受累於歐元區經濟疲軟

2014 年，整個歐洲市場總共募資 682 億美元，其中英國獨占 270 億美元，強勢回歸，這是其自 2008 年金融危機以來表現最好的一年。2014 年英國的主板和高增長市場（另類投資市場，AIM）表現較為活躍，總收益比 2013 年增加了 67％，交易量增加了 53％，其中高增長市場的 IPO 宗數排名全球第六，占全球 IPO 宗數的 6％。

雖然 2014 年第四季，英國證券市場表現不太理想，增速回跌，但仍有 22 宗 IPO，比歐洲其他地區都要多，足見英國的主板市場和高增長市場對投資者仍有很大的吸引力。2014 年倫敦證交所 IPO 主要集中在金融、零售、醫療和科技等行業，零售業成為 2014 年交易量最活躍的板塊。全年共有 28

家外國企業在倫敦主板上市，而高增長市場的表現更為搶眼。

亞太地區：澳洲募資規模穩定增長

　　亞太地區市場，除了中國，主要就是日本和澳洲。2014年日本證券市場整體表現較為平穩，波動較小，並沒有受到日本國內消費稅增加的較大影響。東京證交所 2014 年全年的融資規模為 104 億美元，共完成了 26 宗 IPO。其中日本本地一家公司融資達到 20 億美元，成為全年最大宗的 IPO 項目，也足以顯示日本資本資產強有力的融資能力。總體來看，日

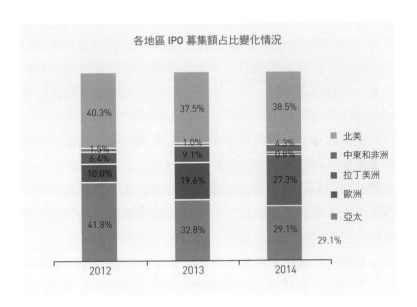

各地區 IPO 募集額占比變化情況

本市場在日本國內政策等多重因素利多的情況下，受到了較為積極的影響。

亞太地區另一個關注點是澳洲資本市場，它是亞太地區最主要且高度發展的資本市場之一，在亞太地區是僅次於日本的第二大資本市場，其規模是香港的三倍，新加坡的六倍，其金融衍生產品的發展程度更是位居首位。近年來，已經有眾多的大陸企業關注到了這一資本市場的「新大陸」，並有不少的中小企業到澳洲成功上市，融資規模相當可觀。

自 2014 年以來，澳洲市場 IPO 需求激增，澳洲證券交易所上市新股的表現大多超出招股書中的預期，新股發行數量更是創下新高。進入 2015 年，澳洲證券交易所首次 IPO 的走向顯得較為溫和，但新股上市後股價表現卻出現改善，尤其是 2014 年上市的公司，在 2015 年前半年的股價平均漲幅 12.7％。這其中當然也不乏中國企業的身影。根據路透社的測算，中國企業 2015 年全年在澳洲的 IPO 規模預計會超過 2014 年的 1.09 億澳元。

綜合各交易所的情況來看，2014 年紐交所成功衛冕，成為全球 IPO 募集額最多的交易（640 億美元）；而在 2012 年還居第四的港交所，上升到第二位，這主要得益於萬達在香港的上市；那斯達克交易所的 IPO 募集額排名則是下滑至第五位。

美國和香港是熱門的 IPO 目的地。據統計，包括那斯達克市場在內，2014 年全年美國市場共有 288 宗 IPO，融資總

額達 950 億美元，分別較 2013 年上升 27％及 54％，而其中有 16 宗跨境交易來自大中華區。2014 年全球前十大 IPO 中，大中華區占據了四個席位，分別為排名居首的阿里巴巴，排名第四的大連萬達商業地產，以及排名第六、第七的中國廣核電力和港燈電力。

▌融資難，困擾中國中小企業

我們再把目光轉回中國大陸。一方面近兩年全球 IPO 市場一路增長，大陸眾多知名企業和大型企業成功上市融資；另一方面大量的中小企業生存發展面臨著原物料價格上漲、資金供給緊張和融資成本快速上漲等困境，而這些困境歸結起來，大部分都是需要透過融資來解決的問題。根據相關調查報告顯示，目前很多中小企業主們對於未來發展比較迷茫，甚至有相當一部分人對未來表示悲觀，其中最棘手的問題就是融資困難，這讓他們面臨著相當嚴峻的生存壓力。

目前大多數的中小企業依然是以間接融資為主，獲取外部資金的管道除了金融機構外，民間貸款也成為其重要的資金來源，而透過直接融資管道的數額極小。

同時，大陸金融機構對中小企業的貸款差別很大，目前在中國包括金融租賃、信託投資等非銀行金融機構在內的各類金融機構中，民生銀行、城市信用社、農村信用社和城市

商業銀行等中小金融機構提供的貸款比重較高，而四大國有商業銀行中，除中國農業銀行向中小企業貸款比重較高外，其餘三家銀行貸款占有率均較小，非銀行金融機構融資性業務服務比例更低。

據統計，中小企業獲得的金融支持占有率只占整體的30％左右。因為中小企業抗風險能力差，可以抵押的實物資產有限，少有銀行願意接受中小企業智慧財產權質押、應收帳款質押、股權質押、訂單質押、倉單質押、保單質押等形式。也正是因為這個原因，中小企業一直缺少利用金融槓桿做大做強的平臺。

近幾年，儘管中央及地方政府不斷透過頒布相關政策來解決中小企業融資問題，如加大信貸支援，禁止商業銀行收取承諾費、資金管理費等，增加財政支持，改進小額擔保貸款等一系列財政和金融措施，但是這些政策缺乏針對性、落實不積極、監管不力等，對解決中小企業融資問題僅停留在表面層次，不能從根本上解決。

既然資金對於企業的發展如此重要，而融資困難卻成了中小企業發展的「瓶頸」，那麼，如何解決中小企業的融資問題也就成為我們必須認真思考的重要問題。對於質地優良的中小企業，我們建議透過上市的方式來實現融資的目的。

目　錄

1

中小企業上市：
境內還是境外？

・中小企業為什麼要上市
・中國資本市場融資不易
・開啟境外上市融資之路

在近兩年全球 IPO 市場總體表現活躍的情況下，大陸企業對 IPO 的熱情也持續高漲，以阿里巴巴、京東為代表的眾多互聯網企業成功在美國上市，萬達等房地產企業也華麗轉型，成功在香港上市。在知名大企業分享 IPO 盛宴的同時，也刺激了眾多中小企業的神經，在大陸資本市場融資困難的情況下，中小企業紛紛尋求突破，尋找境外上市的機會。

▍中小企業為什麼要上市

在資本資源極度稀少的當下，企業之間對資本資源的爭奪愈加激烈。根據世界銀行國際金融公司的研究顯示，中國中小企業（尤其是民營企業）的發展資金絕大部分來自業主資本和內部留存收益，公司債券和外部股權融資不到 1%，面臨著嚴重的直接融資瓶頸。與此同時，近年來商業銀行的報表非利息收入卻快速增長。這樣的結構變化，也使融資難、融資貴的問題進一步加大。目前看來，要解決這一問題不能一味地依靠商業銀行的貸款，因為那永遠是「僧多粥少」的局面。

中小企業在獲取商業銀行貸款方面，很難有大企業的各種優勢，常常敗下陣來。所以與其為了貸款拼得頭破血流，不如依靠資本市場，透過上市並發行股票獲得更多的融資管道，這樣才能借助資本市場的力量迅速發展壯大，真正走上資本市場的道路。企業上市，相當於把原本缺乏流動性的企業資產，以股票的形式在金融市場上實現自由買賣使其具有流動性，有利於企業價值實現最大化，同時也能使企業股權增值，為企業股東和員工帶來財富和動力。上市後，中小企業可以建立以股權為核心的完善激勵機制，吸引人才，為企業的長期穩定發展奠定基礎。

　　中小企業透過發行股票進行直接上市融資，可以打破融資瓶頸束縛，獲得長期穩定的資本性資金、改善企業的資本結構、降低資產負債率、提高企業自身抗風險的能力，甚至可以透過配股、增發等多種金融工具實現低成本的持續融資，使企業得到持續的發展。

　　況且對於中國大陸眾多中小企業而言，很多尚處於「粗放經營」（extensive operation）的階段，企業中或多或少都存在著一些不規範經營的行為，而這些不規範的經營行為，往往是他們上市過程中最大的「攔路虎」。企業透過改制上市的過程，其實也是不斷規範自身、明確發展方向的過程。中小企業上市前，要分析內外部環境、評價企業優劣勢、找準定位，使企業發展戰略清晰化。在上市過程中，保薦人、律師事務所和會計師事務所等眾多專業仲介輔導機構為企業

做全方位的上市輔導，幫助其明晰產權關係、規範納稅行為、完善公司治理，建立先進的企業制度。中小企業上市後，要圍繞資本市場發行上市標準持續合規。

不僅如此，上市還有助於中小企業提升企業的品牌價值及市場影響力。因為中小企業進入資本市場，就表明中小企業的成長性、市場潛力和發展前景得到了承認，被外界所熟知，這對中小企業的品牌建設影響很大。當今是「眼球經濟」的時代，企業只有在上市過程中透過路演（roadshow，證券發行商發行證券前針對機構投資者的推介活動）和不斷地資訊披露等宣傳形式，吸引大眾媒體對企業進行持續報導，這樣才能引起廣大投資者的注意。而機構投資者和證券分析師對企業的即時調查、行業分析，能夠進一步挖掘企業的潛在價值。這些都有利於企業樹立品牌，提高企業形象，更有效地開拓市場。

▍中國資本市場融資不易

中國資本市場經過將近 20 年的快速發展，已經漸成氣候，多層次的資本市場初步形成，目前已有主板市場、中小板、創業板市場和新三板市場等，雖然板塊層次看似已經比較豐富，但與已開發國家資本市場相比，板塊之間的連通互動性還很弱。

主板市場服務於行業龍頭、大型和骨幹型企業；中小板和創業板服務於成長期和中後期具有自主創新能力的企業；以新三板市場為主體的場外市場主要服務於成長初期的小型微利企業。但是目前新三板市場還處於發展階段，在制度建設、發展規模等方面與交易所市場相比還很落後，入門門檻同樣不低，並且存在著較大的系統性風險和技術性風險，與國外很多成熟的資本市場相比較，依然有許多需要完善的地方。

此外，中國資本市場呈現「倒三角形」的不合理結構，截至 2015 年底，大陸 A 股上市公司超過 2 千 8 百家。其中主板 1 千 5 百多家，中小板 7 百多家，創業板接近 5 百家；而新三板市場尚處於發展階段，存在融資量少等問題。

與此同時，目前大陸的 A 股市場結構同樣不甚合理。上市公司在數量上還是偏重於傳統行業，如金融、房地產、傳統製造業等，新興高科技產業比重還是偏低；而且國有企業比重大，民營企業比重小；大型企業比重偏高，中小企業比重過低。例如，滬深兩市 1 千 5 百多家 A 股上市公司中，民營企業所占比例不到 20%；行業分布也存在較大缺陷，傳統產業的上市公司數量太多，競爭性領域企業數量超過 85%。相對而言，代表著未來發展方向的新興產業企業往往出於擴張期的投入巨大，利潤指標難以達到上市標準而很難進入 A 股市場，而眾多規模不足的中小型企業更是因為利潤指標無法達到標準直接被排除在上市門檻之外。這樣的情況，無疑

對資本資源造成了極大的浪費，企業之間的資本搶奪更加激烈。究其原因，追求企業業績達標為硬性上市條件的核准制是「罪魁禍首」。

中國股市近些年來大起大落的情況已成常態，不僅是普通股民經歷著坐雲霄飛車般的感覺，置身其中的企業也是一樣。2015 年下半年，由於之前一路飆升的股市突然暴跌，證監會又緊急暫停了所有計畫中的 IPO 項目，至此，A 股歷史上已經經歷了前後九次 IPO 暫停及重啟。這讓還在排隊等待 IPO 的企業叫苦不迭。已經獲得 IPO 核准的企業重新回到漫長的等待，而另外已啟動申購程序的企業，申購資金也被全部退回。

但事實上，即使 A 股的 IPO 沒有暫停，其上市的門檻也是十分高的。想要在中國的主板市場上市，上市企業必須連續三年盈利，發行前股本總額不少於人民幣 3 千萬元，發行後股本總額不少於人民幣 5 千萬元。即使在創業板上市，也必須達到一年以上盈利，且最近一年淨利潤不少於 5 百萬元。這樣的門檻要求，把很多高成長性、潛力巨大的優秀企業都拒之門外，尤其是對於創業型的互聯網企業而言，他們前期更看重的是如何透過持續地投入，培養用戶，並建立品牌，從而改變某個行業。更何況，此次 IPO 暫停之後，仍有數百家企業正在等待排隊上市，今後幾年大陸 A 股市場估計仍然將是以消化現有申報的 IPO 項目為主，這對於急需上市融資的成長性中小企業而言，無疑是承受不起的。因此不少微利，

甚至虧損的企業，因為達不到 A 股上市的條件，而轉赴境外上市。

▎開啟境外上市融資之路

　　據統計，2014 年中國企業境外上市共 96 起，其中香港上市 72 起，美國上市 15 起，其餘市場 9 起。這裡面尤其是以阿里巴巴和萬達為代表的中國企業創造了境外上市融資的「神話」，帶動了眾多大陸企業境外上市融資的浪潮。的確，境外上市是中小企業解決資金困難的一條可行之路，可以看出很多的企業也已經想明白了，與其「千軍萬馬過獨木橋」似的擠進中國 A 股市場，不如調整自身策略，另闢蹊徑，尋求境外上市。

　　雖然中國的企業開始意識到境外上市也是一種不錯的選擇，但由於人文因素和證券市場效率的影響，中國企業境外上市地點仍然集中在香港和美國。一旦群聚這兩個地方的企業多了，顯然也會導致後來的企業出現盲目性的問題。事實上，美國證券市場一般只歡迎兩類中國公司，一類是特大型國有企業，一類是中國的互聯網公司。美國投資者比較追捧新科技股，互聯網對他們的吸引力自然就更大。但美國高昂的上市費用和嚴格的上市制度，使中國大陸多數中小企業很難在美國上市。而香港主要是為基礎較佳並具有盈利紀錄的

大型企業籌集資金，特別是涉及房地產、金融、能源方面的國有企業。

　　可能習慣於 A 股的「生存法則」，中國企業在內部管理上還欠缺規範化和風險控制的意識，但在美國證券交易委員會掌控下的美國股市，公司披露的財報、年報乃至任何官方交易資訊都必須翔實，並且在被追溯的時候，要具有可被驗證性。而且，雖然美國市場的事先審查相對寬鬆，卻有著嚴厲的事後懲處制度。如果企業有做假等欺詐行為，相關的行政處罰、經濟處罰和刑事處罰都非常嚴厲。正因如此，有人將美國證券市場比喻為「星級酒店」：大門敞開但花費不菲（上市和維持上市費用頗高），「非請莫入」（需頂級投資銀行推薦），「非誠勿擾」（如果企業存在誠信問題，有各種追責機制「恭候」）。

　　而香港證券市場上，對於來香港上市出問題的企業，香港證監會以前是追究其律師事務所和會計事務所的責任；但是從 2015 年 1 月 1 日起，保薦機構追究律師和會計師個人的法律責任，因此他們會更加謹慎。以前輔導上市需要花一年半到兩年的時間，現在基本上是兩年到兩年半，這就無形中加大了上市的時間成本和資金成本。

　　其實，除了美國和香港這兩個全球關注的證券市場外，亞太地區和歐洲還有眾多頗具吸引力的證券交易市場。中國的中小企業上市不能一味跟風美國、香港，要考慮清楚自身狀態，尋找最適合自身需求的境外市場上市。比如澳洲證券

市場，近兩年來以其上市門檻低，上市週期短和資本市場靈活等特點，不斷地吸引著中國大陸越來越多中小企業的關注。

境外主要資本市場

- ・美國資本市場
- ・香港資本市場
- ・英國資本市場
- ・新加坡資本市場

上市地點的選擇對於企業的發展而言是非常重要的一步，制定正確的發展戰略並配合合理的上市地點，將會讓企業的發展更上一層樓。但同時，境外不同的資本市場有不同的定位，也會形成不同的行業偏好，為了協助企業選定適合的境外上市地點，下文將對境外主要資本市場環境做分析，將境外主要資本市場上市的優缺點做對比，並對其主要交易所及其上市條件逐一加以介紹。

▎美國資本市場

美國的資本市場是目前世界最大的資本市場，同時，也被視為是國際經濟的「晴雨表」。截至 2015 年上半年，僅紐約泛歐證券交易所集團和那斯達克 OMX 集團上市的公司總市值已接近 30 兆美元，占全球市值最大的前 15 所證券交易所市值總量的一半以上。

美國證券市場歷史悠久，萌芽於獨立戰爭時期。1929 年經濟大危機後美國政府開始加強對證券市場的立法監管和控制，整個市場開始進入規範發展階段。時至今日，美國證券

市場的多層次多樣化不但可以滿足不同企業的融資要求，並且也已經發展成為投資品項豐富，市場體系層次清晰多樣的世界金融之都。

美國證券市場為投資者提供了豐富的投資品項可供投資者選擇，比如說，美國市場的投資者既可以選擇投資證券和股指（如道瓊斯指數、標準普爾 500 指數等）的現貨，又可以選擇投資證券和股指的期貨及期權。除此之外，美國證券市場還有信託憑證（ADRs）以及可轉換債券等品項，極大地豐富了投資者的投資選擇視野。

美國沒有貨幣管制，美元進出自由，且政策鼓勵外國公司參與投資行為。

此外，美國市場資金供應充沛，流動性強，同時，美國股市的交投十分活躍，融資及併購活動頻繁。融資管道非常自由，上市公司可隨時發行新股融資。並且，發行時間與頻率沒有限制，通常由董事會決定，並向證券監管部門上報。

如監管部門提出問題，則回答其問題（通常監管部門有 30 天的必須答覆時間限制）。通常如果監管部門在 20 天內沒有回覆，則上報材料自動生效。當公司股票價格達到 5 美元以上時，上市公司股東通常可將其持有的股票拿到銀行抵押，直接獲得現金貸款。而且，上市公司還可以向公眾發行債券融資。

美國主要證券交易所

美國目前主要的證券交易所有 4 個，紐約證券交易所（New York Stock Exchange, NYSE）、美國證券交易所（American Stock Exchange）、店頭市場（Over-the-Counter，OTC）和那斯達克證券交易所。其中，以紐約證券交易所和那斯達克證券交易所的交易量和交易額度最高，流動性也最強。

具體來講，美國證券市場的主板市場是以紐約證券交易所為核心，是全國性的證券交易市場。該市場對上市公司的要求比較高，主要表現為交易國家級的上市公司的股票、債券。在該交易所上市的企業一般是知名度高的大企業，公司的成熟性高，有良好的業績紀錄和完善的公司治理機制，公司有較長的歷史存續性和較好的回報。從投資者的角度看，該市場的投資人一般都是風險規避或風險中立者。

紐約證券交易所是世界上最大的有價證券交易市場，最早成立於 1792 年 5 月 17 日。目前紐約證券交易所已經是全球規模最大、組織最健全、設備最完善、管理最嚴密、最具流動性的證券交易所，同時，也已經成為對世界經濟有著重大影響的證券交易所。

截至目前為止，其上市公司總數約 4 千家，總市值達 28.5 兆美元（21.5 兆歐元），日平均交易量接近 1,020 億美元（769 億歐元）。目前紐交所中國企業共 74 家，總市值 1.04 兆美元。

在 2 百多年的發展過程中，紐約證券交易所為美國經濟的發展、社會化大生產的順利進行、現代市場經濟體制的構建起到了舉足輕重的作用。

紐約證交所對非美公司上市的條件要求

股東數量：全球範圍內有 5 千戶持 100 股以上的股東。

公眾持股數量：全球有 250 萬股，公開交易股票的市場值總和，在全球範圍內達一億美元。

稅前收入標準：在最近三年的總和為一億美元，其中最近兩年中的每一年達到 2 千 5 百萬美元。

現金流量標準：對於全球市場總額不低於 5 億美元、最近一年收入不少於一億美元的公司，最近三年累計一億美元，其中最近兩年中的每一年達到 2 千 5 百萬美元。

純評估值標準：最近一個財政年度的收入至少為 7 千 5 百萬美元，全球市場總額達 7.5 億美元。

關聯公司標準：擁有至少 5 億美元的市場資本；發行公司至少有 12 個月的營運歷史。

美國資本市場體系中，另外一個重要的組成部分是美國證券市場的二板市場，以那斯達克為核心。那斯達克市場對上市公司的要求與紐約證券交易所截然不同，它主要注重公司的成長性和長期盈利性，在那斯達克上市的公司普遍具有高科技含量、高風險、高回報、規模小的特徵。那斯達克雖

然歷史較短，但發展速度很快，按交易額排列；它已成為僅次於紐約證交所的全球第二大交易市場，而上市數量、成交量、市場表現、流動性比率等方面已經超過了紐約證交所。與傳統證券交易所不同，那斯達克主要是透過電子交易系統進行股票交易。增強了其流通性和交易量。那斯達克提供三個板塊、11 個標準的上市選擇，上市成本較低，並且為企業提供上市前後多元化的服務。

　　此外，那斯達克的一個重要特點是擁有自己的造市商制度，這一制度安排對於那些市值較低、交易次數較少的股票尤為重要。

　　那斯達克資本市場因其更為寬鬆的上市條件和快捷的電子報價系統，受到新興中小企業，尤其是高科技企業的歡迎，聚集了一批全球最出色的高科技公司，如微軟、英特爾、思科、雅虎及戴爾等，在美國新經濟的崛起中發揮了巨大的作用。

那斯達克對非美國公司上市標準

　　公司須有有形資產淨值 4 百萬美元以上，75 萬股流通股，5 百萬美元的流通股市值，400 戶股東和兩個能下單的券商。

　　如果達不到上述標準，則公司必須滿足市值超過 5 千萬美元，或總資產和收入分別達 5 千萬美元，流通股超過 110 萬，流通股市值超過 1 千 5 百萬美元，股票報價為 5 美元，有 400 戶股東和 4 個能下單的券商。

此外，美國的證券市場中還有遍布各地區的全國性和區域性市場和場外交易市場。美國證券交易所也是全國性的交易所，但該交易所上市的企業較紐約證交所略遜一籌，該交易所掛牌交易的企業發展到一定程度後，多半會轉到紐約交易所上市。遍布全國各地的區域性證券交易所有 11 家，主要分布於全國各大工商業和金融中心城市，他們成為區域性企業的上市交易場所，可謂是美國的三板市場（OTC 市場）。

美國上市的優勢

在選擇上市地點時，企業應當考慮證券交易所的交易量和交易額，以確保其股東可以獲得充分的流動性。美國紐約證交所和那斯達克是世界上流動性最強的兩家證券交易市場。這對中小企業來說，最大的好處就是，在美國進行首次公開發行並在發售中籌集到資金，同時可以為公司的投資者、管理人員、雇員帶來更強的流動性，並為公司吸引更多的投資者。此外，因為美國證券市場的國際化程度比較高，不但具有投資群體的多樣性，而且投資行業也更加廣泛。公司一旦進入美國證券市場的資金池，公司就可以建立起廣泛的股東基礎，以確保公司所有者結構的平衡性和多樣性。公司在美國上市後，面對的投資者既有個人投資者，又有機構投資者，既有美國投資者，又有國際投資者。如此廣泛的投資者基礎既有助於提升公司的知名度，又可以進一步刺激更多人

對公司股票的興趣。同時，美國市場的投資行業也相對更加分散，其投資領域十分寬廣。如高科技、金融或房地產開發等行業。

通常來講，企業在境外上市後，權威研究員、證券分析師對於公司所處行業和公司業務的理解和關注，以及知名媒體的關注和報導，對於提升公司形象、活躍公司的股票交易而言是非常重要的；而企業在美國上市後獲得更多樣的分析師和媒體關注的可能性更大，這在很大程度上有助於提升公司的知名度和市場占有率，從而獲得優勢競爭地位。不僅如此，美國監管機構對在美國上市的企業在有關資訊披露制度和公司治理標準方面都有非常嚴格的規定。這就相當於為美國市場的投資者加了一道保證投資安全的「防火牆」，從而大大增強了投資者對這些上市公司的信心，同時也提升了上市公司自身的聲望。

美國證券市場還有一個非常具有吸引力的「股權貨幣」。在美國上市的公司其公開交易的股票有很多用途，如以股票作為員工的報酬，招募更多的人才，購買更多的資產，拓展新市場等。同時，股權貨幣還能保持公司的現金流，提供稅收優惠，為目標企業的所有者或員工創設更多樣的激勵機制。而且，美國交易所上市的公司可以使用其公開交易的證券，來併購其他公開交易的公司或者私有公司。美國特有的這種貨幣形式，對於潛在收購對象的股東來說更具吸引力，而且能使購買方設計更為靈活的併購交易結構。

香港資本市場

　　香港是具有相當強競爭力的國際知名經濟區域，擁有龐大的財政儲備和外匯儲備，擁有自由兌換的穩定傾向以及低稅率的簡明稅制等優勢條件。香港寬鬆的經商環境、自由的貿易政策以及便利的金融網路和通訊基礎建設等，都是使香港得以獲得國際化城市美譽的重要條件。同時，香港作為小型的開放自由經濟體系，擁有全方位的金融服務體制，同時具備高度嚴格、規範的監管法律體系，明顯強於其他市場，有效地保護了廣大投資者及中小股民的權益。在香港經濟及法律監管漸趨完善的背景下，資金正源源不斷流入香港資本市場。

　　香港資本市場與大陸資本市場相比，更加成熟和規範。香港資本市場自成立至今已經有一百多年的歷史，期間香港資本市場經過多次大小金融危機和各種政治因素的影響，各種制度和各類資本市場參與主體都在這個環境中不斷地成熟起來，從而不論對投資者還是企業而言都提供了一個寬鬆、規範、活躍而又不失監管的資本環境。

　　同時，由於香港資本市場金融產品豐富而成熟，有利於上市企業根據自身情況和需要透過各種管道進行融資。投資者在香港資本市場不僅僅可以買賣香港股市的所有股票，還有香港市場的債券、基金、認股權證和其他衍生工具。

　　綜合來講，香港證券市場不僅法律監管嚴格，資訊披露

透明，而且因為香港證券市場是一個國際資金匯集，並擁有多元化環球投資產品的市場，資金可以自由流動。雖然與大陸 A 股市場相比較，香港的上市費用要高一些，但時間週期較短，再融資方便。而且，香港的新股認購公開配售，比較照顧中小投資者。除此之外，香港市場的停牌制度靈活，並且因為實行 T+0 交易，無漲跌停板限制，有靈活的做空機制，這就為投資者提供了非常便利的交易環境。

香港證券交易所

香港證券交易所（HKEx）是 1986 年由香港四家證券交易所合併而成，成立香港唯一的證券交易所。經過 30 年的發展，聯交所已從一家本地證券交易所晉身成為一家主要的國際證券交易所。目前是全球第九大交易所，亞洲第二大交易所。在香港證券交易所上市的企業中，除了傳統產業外，還有許多新興產業。

香港主板上市對企業的基本要求

發行人必須符合《上市規則》的盈利測試或《上市規則》的市值、收益、現金流量測試，又或者是《上市規則》的市值收益測試。

盈利測試標準：新申請人須在相同的擁有權及管理層管理下具備足夠的營業紀錄；具備不少於三個會計年度的營業

紀錄，在該段期間，申請人最近一年的股東應占盈利不得低於 2 千萬港元，及其前兩年累計的股東應占盈利亦不得低於 3 千萬港元，盈利應扣除日常業務以外所產生的業務收入或虧損；至少前三個會計年度的管理層人員維持不變；至少經過審計的最近一個會計年度的擁有權和控制權維持不變。

市值、收益、現金流量測試標準，申請人須符合：具備不少於三個會計年度的營業紀錄；至少前三個會計年度的管理層人員維持不變；至少經過審計的最近一個會計年度的擁有權和控制權維持不變；上市時市值至少為 20 億港元；經審計的最近一個會計年度的收益至少為 5 億港元；申請人或其集團擬上市的業務於前三個會計年度的現金流入合計至少為一億港元。

市值收益測試標準：具備不少於三個會計年度的營業紀錄；至少前三個會計年度的管理層人員維持不變；至少經過審計的最近一個會計年度的擁有權和控制權維持不變；上市時市值至少 40 億港元；經審計的最近一個會計年度的收益至少為 5 億港元及上市時至少有 1 千戶股東。

會計準則：申請人的帳目必須按《香港財務彙報準則》或《國際財務彙報準則》編制。

香港創業板上市對企業的基本要求

財務要求：不少於兩個財政年度的營業紀錄，包括日常經營業務的現金流入，於上市文件刊登發表之前兩個財政年

度合計至少達 2 千萬港元；上市時市值至少達一億港元。

會計準則：新申請人的帳目必須按《香港財務彙報準則》或《國際財務彙報準則》編制。

管理層：管理層在最近兩個財政年度維持不變；最近一個完整的財政年度內擁有權和控制權維持不變。

最低市值：至少為一億港元；公眾持股的市值至少為 3 千萬港元，無論任何時候公眾人士持有的股份須占發行人已發行股本至少 25%。

股東分布：必須至少有 100 戶公眾股東；新申請人可自由決定其招股機制，亦可僅以配售形式於本交易所上市。

香港上市的優勢

香港是國際公認的金融中心，業界精英雲集，已有眾多中國企業及跨國公司在交易所上市融資。作為中國的一部分，香港長期以來是大陸企業海外上市的首選市場。一些在香港及另一主要海外交易所雙重上市的大陸企業，其絕大部分的股份買賣在香港市場進行。香港的證券市場既達到國際標準，又是大陸企業上市的本土市場。

香港在地理上毗鄰大陸，不僅能夠透過便利的管道獲得有關境內的大量資訊，而且，中國企業赴香港上市，交通比較便利，容易獲得文化和理念上的認同，也可以更加方便地獲得香港各類機構所提供的周到服務，便於上市發行人與投

資者及監管機構溝通，從而有利於企業的發展。此外，各國主要的投資銀行在香港都有分支機構，這就使得香港可以聚集國際大多數專業機構投資者。而且香港沒有外匯管制，資金流出入不受限制；香港稅率低、基礎設施一流、政府廉潔高效。在香港上市，有助於中國發行人建立國際化運作平臺，實施「走出去」戰略。

香港作為全世界重要的國際金融中心，成為眾多國際投資者所矚目的焦點。企業透過在香港上市，有利於引進國際戰略投資者和各類風險投資者，從而使企業股東擴大。事實上，在香港上市並引進國際戰略投資者和各類風險投資者後，企業不僅能夠獲得資金支持，還能夠實現與投資者從資金合作到人才合作的附加價值。

同時，香港作為國際化程度比較高的證券市場，企業透過在香港市場上市融資後，其企業股份被來自全球各地的資金所持有，企業的發展營運就要受到國際股東的監督。而香港交易所有著完善的監管架構，其《上市規則》力求符合國際標準，對上市發行人提出高水準的披露規定。當然，香港健全的法律體制也為籌集資金的公司奠定堅實的基礎，也增強了投資者的信心。這些都對加速大陸企業的成長，特別是國有大型企業的轉型是有積極作用的。

不僅如此，大陸企業在香港上市，對於企業的再融資有著較大的積極意義。因為香港資本市場對於企業的再融資和收購兼併提供了非常便利的條件。大陸企業在香港上市6個

月之後，上市發行人就可以進行新股融資。不論是在香港聯合交易所主板或者在其創業板上市的大陸企業，在上市後一般都能夠籌集到數額可觀的資金，甚至經常出現上市後集資數額比首次招股集資數額更大的情況。而且，由於香港資本市場的投資者較成熟，各投資者對企業的價值有較公允的判斷以及相配合的理性投資，這樣有利於好的企業在市場中體現價值。

同時，由於香港資本市場產業鏈完整而成熟，各仲介能輔導機構專業和管理規範，為上市企業提供周到的服務。

▌英國資本市場

英國是最早完成工業革命的國家，並有世界工廠之稱，在很長的時期內，英國資本市場的投資主要是境外投資，具有明顯的國際化特點。

英國資本市場作為一個全方位、流動性好、透明度高的國際化資本市場，具備先進的交易系統，擁有國際認可的全面規範法規體系，這些都是很多其他資本市場所不能與之匹敵的優勢力量。英國資本市場有三個層次。其中，主板市場主要指倫敦證券交易所，它是英國全國性的集中市場，有著2百多年的歷史，是吸收歐洲資金的主要管道。其次是全國性的二板市場 AIM。與美國不同，英國的二板市場 AIM 是由倫

敦交易所主辦，是倫敦證交所的一部分，屬於正式的市場。
其運行相對獨立，是為英國及境外初創的、高成長性公司提
供的一個全國性市場。此外，還有全國性的三板市場 OFEX，
它是由倫敦證券交易所承擔造市商職能的 JP Jenkins 公司創
辦的，屬於非正式市場，主要是為中小型高成長企業進行股
權融資服務的市場。

倫敦證券交易所

倫敦證券交易所（LSE）是世界第三大證券交易中心，
也是世界上歷史最悠久的證券交易所之一，其歷史可以追溯
到 3 百年前。通常很多國際證券交易所的本土上市企業數量
高於境外企業數量，而 LSE 卻相反，非英國企業在 LSE 的上
市比例比英國企業還要多。

倫交所（主板）上市優勢行業不僅包括科技產業公司、
投資實體，也包括礦產、能源、化工、重大基建專案公司等
傳統行業，目前中國企業上市數量達 60 家（AIM 為主）。

倫敦證券交易所上市標準

公司一般須有三年的經營紀錄，並須呈報最近三年的總
審計帳目。如沒有三年經營紀錄，某些科技產業公司、投資
實體、礦產公司以及承擔重大基建項目的公司，只要符合倫
敦證券交易所《上市細則》標準，也可以上市。

公司的經營管理層應能顯示出為其公司經營紀錄所承擔的責任。

公司呈報的財務報告一般須按國際或英美現行的會計及審計標準編制。

公司在本國交易所的註冊資本應超過 70 萬英鎊，已至少有 25% 的股份為公眾持有。

公司須按規範要求編制上市說明書，發起人必須使用英語發布。

英國上市的優勢

英國的國際化象徵非常強。外國公司在倫敦上市，等於向全世界宣布其業務真正實現了國際化。在倫敦上市掛牌，可把公司首次推介給國際投資界，或加強公司與國際投資界現有的聯繫。無論如何，在倫敦上市都會增強投資者對企業的興趣，並增強他們對企業未來的信心。同時，英國資本市場的投資者主要以機構投資者為主。倫敦的機構投資者在倫敦證券交易所的交易占有率在 80% 以上。並且，倫敦作為世界最大的股票基金管理中心，可出色地將國際發行者引薦給眾多大型機構投資者。

倫敦的外國股票交易額始終高於其他市場。並且，在倫敦證券交易所交易的外國股票遠遠超出英國本土的股票，這種情形是獨一無二的。在倫敦，外國股票的平均日交易額達

到 195 億美元，遠遠高於其他任何主要證交所。倫敦市場的規模、威望和全球操作範圍，意味著在這裡上市和交易的外國公司可獲得全球矚目和覆蓋。

倫敦證券交易所面向外國股票的交易及資訊系統，包括國際股票自動對盤交易系統和 EAQ 國際股票自動報價系統。世界各地有超過 10 萬家國際投資者連接倫敦證券交易所的交易及資訊系統，這些系統為在倫敦上市的外國公司帶來一流的知名度。

事實上，總體來講，歐洲投資界對外國公司是相當歡迎的。其中，倫敦的歡迎度最為熱烈。與北美同行相比，歐洲機構對外國股票的投資高出一倍。而常駐英國的金融機構是最為活躍的國際投資者群體。他們的投資組合中平均有 37% 為境外證券，這個比例遠遠高於其他國家的投資機構。

作為世界領先的國際投資者機構，還擁有對外國公司最深入的認識瞭解，並掌握相關操作訣竅。這種認識與瞭解是歷經多年積累起來的，常駐倫敦的投資者在研究外國公司及其業務環境方面擁有豐富經驗。這些投資者的操作訣竅，在於倫敦交易的外國公司興趣廣泛，涉及不止一個工業板塊。在英國倫敦上市交易的外國公司來自許多重大行業，從電信、高科技、宇航，到公用事業、消費品、零售、銀行、製造業，以及資源開發，其中有不少上市公司是世界各國國有企業民營化的結果。

此外，倫敦市場對外國公司的深入瞭解，可以為外國公

司帶來更大的穩定性。在國際經濟發生動盪的時期，相對經驗豐富的倫敦投資者能夠保持更長遠的眼光，他們不會因為驚慌失措而拋售所持股票。

▎新加坡資本市場

新加坡交易所作為一個區域性交易所，吸引了來自 20 多個國家和地區的企業在這裡掛牌上市。其政治經濟基礎穩定，商業和法規環境親商，作為國際知名的基金管理中心，在新加坡管理的基金總額自 1992 年起就已超過 26% 的年增長率，使新加坡證券市場成為亞太地區公認的領先市場。

同時，新加坡的證券市場是一個國際化程度非常高的市場，境外企業在新加坡證券市場上市的總市值中占了 40%，這使得新加坡證券交易所成為亞洲最具國際化的交易所和亞太區首選的上市地之一。在此上市的企業涵蓋了各個行業，包括製造、金融、商貿、地產和服務等。

截至 2014 年底，外國企業占據了新加坡交易所總上市公司數量的約 37%（268 家），其中中國大陸及臺灣的企業共 158 家。外國企業大部分是以新加坡作為融資平臺，所以，很多外國企業在新加坡本地並沒有任何業務的營運。其他 63%（460 家）的上市企業則是新加坡本地企業，其中有不少的營收來自海外。與亞太地區其他國際市場相比，新加坡的

市場是最為國際化的。

新加坡證券交易所

新加坡證券交易所（Singapore Exchange, SGX，簡稱「新交所」）成立於 1973 年 5 月 24 日，其前身可追溯至 1930 年的新加坡經紀人協會。這些年來，它建立並營造了一個活躍高效的交易市場，是以一流的證券交易所而著稱於亞太地區。新交所採用的是國際披露標準和公司治理政策，經過幾十年的發展，如今新加坡證券交易所已經成為亞洲主要的證券交易所。

新交所目前有兩個交易板，即第一股市（主板）及自動報價股市（副板）。同時，新交所也是全亞洲首家實現全電子化及無場地交易的證券交易所。它致力於為企業和投資者提供健全、透明和高效的交易場所，說明他們實現集資和投資的目標。

新加坡上市條件

公司要在新加坡上市（主板或 SESDAQ），財務要健全，流動資金不能有困難。公司如果向股東或董事借錢，需先還清或以股抵債。管理層需基本穩定，也就是說近幾年為公司帶來利潤的管理層基本不變，如有要員離開，公司需證明其離開不影響公司的管理。

主板的上市條件

最低公眾持股數量和業務紀錄：至少 1 千戶股東持有公司股份的 25%，如果市值大於三億，股東的持股比例可以降低至 10%。

可選擇三年的業務紀錄或無業務紀錄：最低市值為 8 千萬新幣或無最低市值要求。

盈利要求：過去三年的稅前利潤累計 750 萬新幣（合 3 千 750 萬元人民幣），每年至少 1 百萬新幣（合 5 百萬元人民幣）；或過去 1-2 年的稅前利潤累計 1 千萬新幣（合 5 千萬元人民幣）；或三年中任何一年稅前利潤不少於 2 千萬新幣且有形資產價值不少於 5 千萬新幣。

創業板的上市條件

無需最低註冊資本；

有三年或以上連續、活躍的經營紀錄，並不要求一定有盈利但會計師報告不能有重大保留意見，有效期為 6 個月；

公眾持股至少為 50 萬股或發行繳足本的 15%（以高者為準），至少 500 戶公眾股東；所持業務在新加坡的公司，須有兩名獨立董事；

業務不在新加坡的控股公司，須有兩名常駐新加坡的獨立董事，一位全職在新加坡的執行董事，並且每季開一次會議。

新加坡上市優勢

　　新加坡證券市場中的境外公司在所有上市公司總市值中占了 40%，這就使其成為亞洲最具國際化的交易所。同時，新加坡市場因為既具備較強的市場透明度，又實行全面的科技服務，這就能夠讓上市企業和投資者在應付市場波動的同時，實現自己的融資和投資目標。

　　另外，新加坡市場領先的科技為投資者從全球各地進入其市場打開方便之門。同時，新加坡市場不斷擴展其全球網絡並增強市場深度和交易量，將使市場參與者的資金在市場中能夠被更有效率的使用。

　　同時，因為新交所擁有超過 8 百家的國際基金經理和分析員網路，這使得新交所幫助上市企業提供具有吸引力的投資者群和廣泛股東基礎，成為了可能。而且，新加坡的投資者多數具有長期性和穩定性，即使公司處於動盪的市場環境下，這些長期投資者也將提供更大的穩定性，為公司融資成長提供良性的環境。

　　實際上，因為新加坡證券市場的管理既靈活又嚴格，一方面，新加坡市場推出了市場導向的上市規則，以爭取更多境外公司前來上市。這些條規給這些來自不同行業的公司在新加坡以更大靈活性融資。另一方面，新加坡一直被視為「被有效管理」的典範市場。在新加坡市場上市的公司往往能夠帶給投資者一個國際性的聲譽保證，成為其向全球發展的跳板。

不僅如此，新加坡證券市場在投資者的具體操作上提供了非常大的便利。新交所不斷投資於最新科技，從而能提供更高效方便的交易結算系統。新交所的成員公司能夠按自身要求設計其下單系統，並能在世界的任何地點進入交易所的交易系統進行交易。而且，新交所推出的 SGX Link 成為本區域首個多方跨區域交易介面，以方便交易所間的外國股的交易和結算。新交所首個跨市場交易的夥伴是澳洲證券交易所。

澳洲爲何成爲
境外上市「新通路」

・天時優勢：中澳自由貿易協定的簽署
・地利優勢：發達的資本市場
・人和優勢：良好的投資環境

在經濟全球化和國際金融資本一體化的大背景下，國際資本流向中國，中國的企業走向境外融資已經是大勢所趨。境外證券市場像一塊巨大的磁鐵一樣，吸引著越來越多的中國企業進行境外上市股權融資。

上篇提到中國企業境外上市常規備選地的幾個主要國家和地區的資本市場，實際上，除了香港、美國、英國、新加坡等這些一直以來相對熱門的境外上市地之外，澳洲在最近幾年正以其特有的優勢吸引著大陸中小企業的目光，成為擁有豐富境外上市經驗的 CFO 們青睞的對象。

澳洲和中國一直有著良好穩定的外交和經濟關係，澳洲在中國一直都有投資行為，且進入時間很早，規模也很大，只是他們本身做事比較低調，往往不為大眾所知曉。

而對於大陸的中小企業來說，目前澳洲市場的中概股剛剛萌芽，中概股在澳洲市場的空間更大，在中國與澳洲自由貿易協定達成的背景下，目前赴澳洲上市更占據了「天時、地利、人和」的三大優勢。

▍天時優勢：中澳自由貿易協定的簽署

中國與澳洲兩國在經濟上互為補充，一直以來都保持著較好的關係。中國是澳洲最大的交易夥伴和主要的投資來源國，而澳洲對中國的經濟發展也十分重要。中澳雙方的經濟增長互為促進，形成了相互依賴的經濟關係。

2015 年 6 月 17 日，兩國政府正式簽署《中華人民共和國政府和澳洲政府自由貿易協定》，將兩國的關係進一步拉近。中澳兩國正式確立為全面合作夥伴關係。

中澳自貿協定的簽訂，使得中澳跨境貿易投資環境的不斷改善，不但為中國企業赴澳上市提供了動力，也給證交所營運方帶來強烈信心。而且，在中澳經濟交流不斷擴大的背景下，中國已為澳洲投資人所熟知，中國企業在澳洲上市不僅能夠引起投資者和大眾的關注，也能夠為中國企業和產品起到很好的宣傳作用。

中澳雙方受益

根據談判結果，在開放水準方面，澳洲 95% 出口中國的產品最終將免關稅。將在 9 年內取消所有中國對澳洲牛肉的進口關稅，將在 4 年內取消澳洲乳製品行業關稅。此外，澳洲對華出口的包括鋁土礦、煉焦煤、動力煤等能源和資源產品將在兩年內免除關稅。

服務領域，彼此向對方做出涵蓋眾多部門、高品質的開放承諾，包括金融、教育、法律和中醫等重點服務領域的合作。投資領域的協定範圍涵蓋貨物貿易、服務貿易、投資等方面，包含了電子商務、政府採購、智慧財產權、競爭等「21世紀經貿議題」在內的十幾個領域。

中澳自由貿易協定不僅是中國首次與經濟總量較大的主要發達經濟體談判達成的自貿協定，也是中國與其他國家迄今已商簽的貿易投資自由化整體水準最高的自由貿易協定之一。從協定內容上看，中澳自貿協定涉及以下幾個亮點：一是澳方以負面清單方式開放服務部門，除少數領域外，給予中方全面最惠國待遇；二是澳方專門針對中方投資項旗下工程和技術人員赴澳設立新的便利機制，促進中國企業在澳從事投資活動。該機制係已開發國家首次對中國做出的特殊便利安排，有助於緩解中方在澳企業勞動力短缺和高人力成本等壓力；三是澳方單方面為中國青年赴澳提供每年 5 千人的工作渡假簽證，獲得該簽證的中國青年可在澳洲居留 12 個月；四是澳方給予中國特定專業人員（中醫、漢語教師、中餐廚師和武術教練）每年共 1 千 8 百人的入境配額，在澳首次停留期限最長可達 4 年，到期後可以延展；五是在中方要求下，澳方承諾將對外國銀行分行的流動性覆蓋率要求從 100% 降到 40%，這使中資銀行在澳分行的資金成本大幅降低。

作為已開發國家，澳洲具備相對健全的養老體系。政府、非營利機構和商業企業都是養老服務的參與方，擁有先進的

服務理念和管理經驗，並發揮著不同作用。透過中澳自由貿易協定，允許澳洲服務提供者在華設立外資獨資的營利性養老機構，有助於推動大陸銀髮產業穩健發展，更好地滿足人民對養老服務的需求。經艱苦談判，中國在中澳自貿協定中就中醫服務「走出去」取得了一系列成果，為中國今後商簽其他自貿協定、開拓海外中醫服務市場提供了有益借鑑。

與此同時，作為中澳自由貿易協定一系列成果的重要組成部分，雙方還決定簽署換文，旨在提高兩國中醫服務合作和中醫藥貿易合作的可操作性，鼓勵和支援開展中醫研發合作，促進兩國有關專業機構和註冊部門加強溝通，並推動雙方就與中醫相關的政策、法規和舉措進行資訊交流。

中澳雙邊投資

澳洲是中國境外投資僅次於香港的第二大目的地。近年來，中國企業赴澳洲投資增長較快。中國對澳洲直接投資額從 2005 年約 5.87 億美元增至 2013 年的 34.58 億美元，年均增長 54.3%。截至 2014 年底，中國累計對澳洲各類投資 749.4 億美元，其中直接投資累計 199.5 億美元。中國企業對澳洲投資主要包括採礦業和油氣開發等資源能源行業，其中採礦業投資占總量的三分之二。

近 10 年來，澳洲對中國實際投資總額 47.2 億美元，累計投資專案 5,442 個。2013 年，澳洲在華投資新設企業 225

家，實際使用外資金額 3.3 億美元。截至 2014 年 4 月底，澳洲在華投資設立企業累計共 10,428 家，累計實際使用外資金額 75.95 億美元。

由於總體上中澳雙方投資開放承諾水準都比較高，這對維持雙方現行投資發展情勢和拓展新的投資領域將起到積極作用，有助於雙邊投資的進一步發展。特別是澳方放寬對中國非政府投資者投資的審查，將有力於促進中國民營企業赴澳投資。

中澳自由貿易協定在投資領域還規定，雙方在平等互利的基礎上，構建自貿協定項下全面的投資規則框架，鼓勵和促進雙邊投資以加強兩國在投資領域全方位的合作，為雙方投資者創造更加自由、便利、透明、公平和安全的投資環境。

自協定生效之日起，雙方同意相互給予投資最惠國待遇，未來雙方給予其他經貿夥伴的優惠待遇將同時給予對方。但中方未來給予香港、澳門和臺灣投資者的優惠待遇將作為例外，澳方不得要求享受該等優惠待遇。澳方給予中方大體相當於其給予美國、韓國和日本等交易夥伴的高水準投資待遇，並以清單的方式列明審查門檻，並做出便利化的安排。

不僅如此，為保護雙方投資者的合法權益，協定中納入投資者——東道國爭端解決機制，對爭端解決的程序與實體規則等問題做出了詳細、明確的規定，為解決與投資相關的爭端建立了有效的機制。對於中國赴澳投資企業而言，當與澳方發生爭端時，該機制將起到「定心丸」的作用，為投資

者提供充分的權利救濟途徑和有力的制度保障，進一步增強投資者的信心。

▎地利優勢：發達的資本市場

　　澳洲是除日本以外，亞洲地區第二大股票市場，是世界上第八大資本市場。澳洲流通股市值在 2014 年 4 月超過 1.2 兆美元，高出中國 9 千 180 億美元的 31%，同時是香港市場（4 千 980 億美元）的兩倍多，新加坡市場（2 千 630 億美元）的近五倍。而且，澳洲目前約有 2.5 兆美元的外資，外國投資的複合年增長率為 10%。

　　澳洲資本市場作為亞太地區最主要且高度發達的資本市場之一，吸引了大量來自世界各地的投資者。澳洲資本市場目前擁有超過 2 千 3 百家上市公司，涵蓋各行各業及眾多地域的不同企業；同時，擁有具備國際競爭力的商業環境，擁有全球排名前五的證券交易市場和全球排名前三的基金管理規模，常年被視為首次及後續融資的領先市場之一，其管理資產超過 1.7 兆澳元。

　　同時，澳洲資本市場不僅具有高透明度和高品質服務的特點，而且擁有穩定持續的融資管道，股權多元化，國際化程度很高，以此為新的平臺進入國際市場，中國企業可以快速提升其國際知名度和品牌影響力，引進豐富的國際合作資

源。透過在澳洲上市實現體制轉換，當中國企業成為澳洲企業，就可以將很多澳洲資源和技術引進到企業中，對中國企業而言也是一個很強的助力。

　　而當我們談及澳洲資本市場，依然有一些投資銀行可能會這樣告訴你：不要去那裡，那裡沒有錢，那裡不好融資，那裡的股票市場不活躍。但真實的情況卻是，現今的澳洲資本市場，正用其傲人的業績證明著自己的實力與優勢。

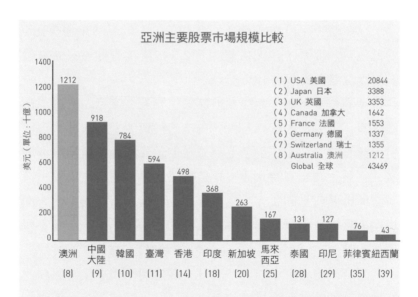

亞洲主要股票市場規模比較

美元（單位：十億）

（1）USA 美國	20844
（2）Japan 日本	3388
（3）UK 英國	3353
（4）Canada 加拿大	1642
（5）France 法國	1553
（6）Germany 德國	1337
（7）Switzerland 瑞士	1355
（8）Australia 澳洲	1212
Global 全球	43469

澳洲 (8) 1212
中國大陸 (9) 918
韓國 (10) 784
臺灣 (11) 594
香港 (14) 498
印度 (18) 368
新加坡 (20) 263
馬來西亞 (25) 167
泰國 (28) 131
印尼 (29) 127
菲律賓 (35) 76
紐西蘭 (39) 43

備註：括弧內的數位是每個國家或地區的股票市值排名。標準普爾指數的市值加權指數進行了浮動調整。浮動調整，用於計算指標的股份只反映那些提供給投資者的股票而不是公司的所有股份。浮動調整排除了控制集團，其他公開交易的公司或政府機構的股份。（資料來源：澳洲貿易委員會年報2014）

而且，對於中國企業來說，由於中澳之間的經濟具有很強的互補性，同時，中澳之間的互動往來密切，中澳自貿協定的簽署又進一步為中澳兩國的合作提供了便利和基礎。多方面的因素作用之下，使得中國企業赴澳洲上市變得更加容易。

證券市場成績亮眼

　　澳洲有一個充滿活力的資本市場，同時也是亞太地區最大、發展最快和最尖端的資本市場之一，其具有高度的競爭性，公開、透明並擁有世界最佳實踐的監管環境。澳洲的證券市場現在已經是擁有最大自由流通市值（除日本之外）的證券市場，已經連續 17 年以大大高於全球平均值的速度持續發展。

　　澳洲證券交易所是世界上最早在現金和衍生品市場提供綜合交易基礎設施的交易所之一。它為客戶提供高效服務，並提供新的交易可能，包括股權、認股權證、上市管理投資、利率證券、交易所買賣之期權、ASX 期貨等。

　　在過去 10 年裡，澳洲證券交易所作為交易活動衡量標準之一的市場總量增長了五倍多。市值增長了一倍多，流動性也翻了一番。高度流動性在很大程度上對公司募集資金、維持股票的公平價值和增強投資者信心起到了至關重要的作用。因為，投資決策重要的是要有收回投資的能力。投資者

需要讓自己的投資能夠及時和低成本地撤出，簡便快捷地將資產轉化為現金，而資本幾乎沒有什麼損失。

澳交所新股過去兩年的表現令人鼓舞，2014 年，澳洲資本市場 IPO 需求激增，場上融資活動也達到了高潮，兩項疊加，促使當年澳洲資本市場活動水準一舉提升 53%，籌資總額高達 360 億美元。

2014 年澳洲證券交易市場新股數量創下新高後，有多支重量級新股齊登場。其中包括健康保險公司 Medibank Private 成功發行價值 57 億美元的新股，完成 1997 年澳訊公司（Telstra）實現部分上市以來最大的澳政府資產 IPO。其他新股佼佼者還包括 7 月上市的病理學護理服務商 Healthscope（市值約 45 億美元），及 6 月掛牌的澳洲服裝公司 PAS Group。

儘管 2015 年以來澳交所 IPO 走向顯得較為溫和，但新股上市後股價表現卻出現改善。截至 2015 年 8 月底共有 48 家公司掛牌，21 家市值超過 7 千 5 百萬元，加權平均股價上漲 7.2%（同期 ASX200 股指下跌 4.1%）。另外，2014 年上市的所有公司在 2015 前半年股價平均漲幅 12.7%。

不僅如此，根據路透社推算，中國企業截至 2015 年 8 月底在澳洲的融資規模約為 8 千 3 百萬澳元（6,052 萬美元），高於 2014 年同期的 5 千 9 百萬澳元。中國企業 2015 年全年在澳洲的 IPO 規模預計會超過 2014 年的 1.09 億澳元。

數據顯示，美國創業環境的惡化，對就業和經濟活力產

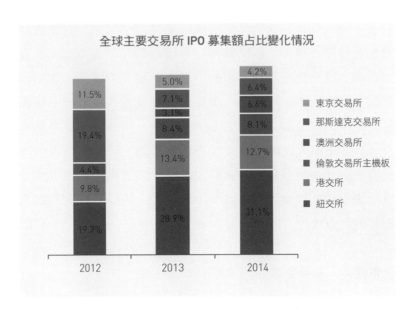

全球主要交易所 IPO 募集額占比變化情況

- 東京交易所
- 那斯達克交易所
- 澳洲交易所
- 倫敦交易所主機板
- 港交所
- 紐交所

2012：11.5%、19.4%、4.4%、9.8%、19.7%

2013：5.0%、7.1%、3.1%、8.4%、13.4%、28.9%

2014：4.2%、6.4%、6.6%、8.1%、12.7%、31.1%

生了負面影響，雖然美國股市的總市值不斷增長，但上市公司的數量卻在減少。迄今為止，已有 24 家在美上市的中國公司宣布計畫從美國退市，而這以後一些中國公司可能會選擇在其他國家和地區重新掛牌上市。與此形成鮮明對比的是，《澳華財經線上》資料庫統計顯示，此前赴澳上市或在澳上市公司進行投資的中概企業多屬能源、礦產資源公司，而近兩年來自新興及成長型產業的中國企業，如醫藥、農業公司赴澳上市的比例正在擴大。

同時，中國企業在澳洲投資者當中有著穩定的群眾基礎，並對澳洲投資者有著很強的吸引力。這一方面是因為澳洲投

資者對於亞太地區的企業有很強的關注度，同時，對外國股票也有強烈的興趣。這樣就使得中國企業容易獲得澳洲投資者青睞，有利於在澳洲上市的中國企業股價的提升。而另一方面，澳洲資本市場吸引中國投資人大量進入是從澳洲移民簽證政策的變化開始的。2012 年 11 月，澳洲推出 5 百萬澳元（約 3 千萬人民幣）重大投資移民簽證，吸引境外人士以投資金融產品及基金的形式移民澳洲，簽證推出後吸引了大量中國申請人投資澳洲，這些中國投資人也成了澳洲證券市場的強大力量。

上市條件「量身定做」

澳洲是一個後起的西方開發資本主義國家，作為已開發、富裕的西方國家之一，它是聯繫西方市場和亞太地區的重要橋梁，有其他國家和地區所無法比擬的地理和經濟優勢。由於地緣上的接近，澳洲與亞洲國家（地區）保持著在經濟上的互補和聯繫。對亞洲國家（地區）的企業而言，其本身具有成本優勢，再加上擁有澳洲的品牌，無疑相當於獲得了銷往西方市場的通行證。中國企業可以透過在澳洲證交所上市，擴大企業發展規模，開闢國際產品市場，加強國際經濟技術貿易合作，有機會走向世界。

當然對於眾多大陸的中小企業而言，真正有針對性的吸引力還不僅僅是上述的市場大環境。事實上，澳洲資本市場

之所以能對國內中小企業有如此大的吸引力，主要緣於其相較境外其他發達的證券交易市場，有一些特有的優勢，選擇在澳洲上市不僅週期短、顧問費用較低，而且上市條件也相對寬鬆。而這些優勢正好適合大部分大陸中小企業的需求，甚至可以說是為他們「量身訂做」的。

上市門檻特別低。澳洲有三個交易所，澳洲證券交易所叫 ASX，類似我們的主板，它的上市門檻是只要三年獲利 6 百萬元人民幣，就可以申請；創新板則叫澳洲國家證券交易所，即 NSX，要求兩年以上的報表，不需要獲利，只要是高科技行業，有科技含量，未來前景不錯，有機構保薦就可以上市；亞太證券交易所也叫 APX，與 NSX 一樣，只需要兩年以上的報表，不需要獲利，總資產超過 2 百萬澳幣，大概 1 千 2 百萬元人民幣就可以申請上市。

上市週期更短。中國企業最想上市的地方是香港和美國，澳洲的融資金額在全世界證券交易規模中的排名與香港差不多，可是香港和美國的市場有什麼不同呢？香港證監會頒布的一些新的政策，無形中將上市的時間延長了。因為香港證監會以前是會去追究律師事務所和會計事務所的責任所在，但是從 2015 年 1 月 1 日開始，保薦機構改為追究律師和會計師個人的法律責任，因此，他們會更加謹慎。以前輔導上市需要花一年半到兩年時間，現在基本上是兩年到兩年半。在這麼高的時間成本，這麼漫長的等待下，你願意接受嗎？而美國呢？中概股非常多，但現在已經變成了做空的天堂，很

多機構下市了。

　　相較之下，澳洲證券交易所的上市成本比香港來說相對要低，而澳洲上市時間也非常短，所需時間取決於專案的複雜程度。一般來說，如果上市申請材料符合上市條件，從公司遞交上市申請到得到澳洲交易所的批准只需要 4-6 周的時間，澳洲最難上市的主板需要 6-9 個月，創業板 3-6 個月。

　　上市費用低。澳洲上市費用一般為融資總額的 8-12%，其中包括財務顧問費用、會計師費用、券商顧問費用、國內律師費用、國外律師費用、股票承銷費和其他費用。從目前在澳洲上市的中國企業來看，上市總成本遠遠低於大陸和其他境外資本市場。

　　可融資的金額非常大。澳洲是僅次於美國和盧森堡的全世界基金註冊數第三的國家，它有非常多的機構投資者，2014 年一共有 1.8 兆美金投資在二級市場，2015 年約有 2.1 萬億美金。

　　國際領先的監管標準和治理環境。這是吸引中國企業赴澳掛牌的重要因素。澳洲證券交易市場的誠信建立在多年一致的常態監管基礎之上，並且贏得了廣泛的國際讚譽。澳洲的金融監管體系不按金融機構進行分業監管，而是以目標為導向，按金融服務和金融產品進行統一監管。這種模式被稱為「雙峰式」監管，即根據監管目標建立監管機構，監管目標包括系統穩定和客戶保護兩個方面。澳洲審慎監管局負責所有金融機構的審慎監管（系統穩定），證券與投資委員會

從法律層面對金融市場進行監管（客戶保護）。澳交所耗費大量的資源在監管運作市場，確保了關鍵的投資者信心，而投資者信心又促進了市場的深度和流動性。對於上市公司而言，這意味著他們處於一個流動性良好的二級市場，在這裡，他們可以用更低的融資成本募集到更多資金。

當然，除了上市門檻等硬性條件的優勢外，澳洲證券交易市場還有一些「軟性」的優勢，對大陸中小企業來說也是非常有誘惑力的。

澳洲證券交易所在人民幣結算方面非常便利。2014 年 7 月 28 日，由中國銀行和澳洲證券交易所共同開發的人民幣清算系統在澳洲成功投產，人民幣成為第一個被納入澳洲本地

全球主要交易所 IPO 募集額占比變化情況

	香港	美國	新加坡	澳洲
上市條件	要求嚴格	相對寬鬆	較嚴格	相對寬鬆
基金量	多	多	一般	多
對策略基金的吸引	有力	有力	較有力	有力
股價上市空間	一般	大	一般	大
對國內企業歡迎度	好	較好	很好	很好
上市費用	12-15%	15-20%	9-15%	8-12%
本益比	8 倍左右	5-20 倍	6-9 倍	10-20 倍
上市公司類型	側重大陸壟斷型行業，如銀行、石油等	高科技性的、概念性的、未來發展好的公司	側重中小型傳統行業，如紡織工業等	礦產能源，農業和食品加工，教育業，高科技成長型企業等

清算系統的外國貨幣。中國銀行雪梨分行作為該系統的人民幣清算行，為澳洲境內外客戶提供人民幣清算服務，並逐步提供人民幣債券發行、交易及期貨等衍生產品結算、清算服務。

提供去其他境外證券交易市場二次上市的管道。目前澳洲正在推動一地掛牌多地上市。也就是說，在澳洲上市可以申請美國那斯達克交易所，英國、法國、德國的交易所同時掛牌。交易所的軟體得到美國和歐盟的認可，可以實現 24 小時股票交易。而且，由於澳洲是英聯邦國家，它的證券上市規則、交易體系和法規監管與倫敦交易所相似，但上市門檻較低。企業在澳洲上市後，經過一兩年的發展，再到倫敦的創業板甚至主板進行二次上市，就會變得簡單容易許多。

澳洲對資本市場實行若干優惠的稅收制度。其中的紅利抵免和資本收益稅收折扣等規定的績效尤為明顯。按照紅利抵免的規定，當投資者獲得一家上市公司分紅時，由於該企業已經為此支付了利潤稅，投資者就可大幅降低因分紅而支付的稅款。同時，按照資本收益稅折扣的規定，如果投資者所持股票超過 12 個月，那麼它的淨增值部分的稅收屬於資本利得稅（Capital Gain Tax，CGT）的範疇。這些股票在出售時，投資者只需對資本收益中的一半交稅，這些稅收優惠措施有利於保持投資者對澳洲資本市場的信心。

對於在大陸主板很難上市的一些行業和眾多中小企業而言，有許多行業去澳洲上市是比較容易的。例如，澳洲特別

鼓勵生物科技行業，只要有一期臨床試驗通過，不需要三年獲利6百萬元人民幣也可以在主板掛牌。農業、畜牧業更是澳洲的主要產業。因此，很多機構投資者對於在澳洲上市的這些行業，更青睞於買他們的股票。

澳洲的國策是鼓勵環保、節能。因此，跟環保、節能相關的產業在澳洲上市，股價和融資的金額會比在香港和美國上市更理想。另外，文化產業在大陸上市也不太容易，但是在澳洲的平臺上如果專門做一個中國企業的文化產業板塊，裡面包含旅遊業、影視行業、出版業等，前景應該相當不錯。

▍人和優勢：良好的投資環境

澳洲正以其穩定的政治環境、充滿活力的經濟環境和優越的社會環境等優勢吸引著越來越多的大陸中小企業去澳洲上市融資。

澳洲的礦業、農業、生物醫藥等行業在世界占有絕對的優勢。作為準備去澳洲上市的大陸中小企業，如果恰好屬於這類企業，那麼，上市優勢和成功機率都會增加很多。

澳洲作為全民福利的國家，生活品質非常高，曾被世界經濟合作與發展組織評為全世界最幸福的國家。在全球「人類發展指數」中排名第二位，僅次於挪威，顯示了澳洲在衛生、教育、收入方面在全球的領先位置。

同時，澳洲政府重視本國的科技發展，對研究和開發的投入規模相對於其經濟來說是較大的。最近幾年，政府採取了一系列的措施來加強國家的創新能力，有效地促進了國家的科技發展，尤其是最近幾年澳洲在生物醫藥方面的科研成果尤為突出。

穩定的政治環境

澳洲的政治機構和習慣沿襲了西方的民主傳統，反映出英國和北美的模式。澳洲政府包括三大體系，即立法權在聯邦議會（Parliament），由上議院（The Senate）、下議院（House of Representatives）組成；行政權在內閣，成員有總理、各部會首長和各州州長，總督由內閣提名；司法權在最高法院和其他聯邦法院、州法院。

澳洲人並不注重法律，但澳洲卻是一個民主程度相當高的國家，義務投票制已經滲透到了澳洲人生活中的每個細節。同時，澳洲也是婦女最早享有選舉權的國家之一。

當前，國際政治局勢正在發生深刻的變化，國際形勢中的不穩定、不確定因素明顯增加，世界還很不太平。霸權主義和強權政治在國際政治、經濟和安全領域中依然存在，並有新的發展。儘管國際局勢保持總體和平與穩定態勢，但局部性的戰爭、動盪與緊張有所加劇。國際恐怖主義反彈強烈，國際反恐鬥爭形勢緊張。

而相較之下，澳洲的政治局勢卻是十分穩定的，澳洲政府高效務實，其經濟近 12 年持續增長。據透明國際《2013年清廉指數》（涵蓋 177 個國家）的報告顯示，澳洲是全球 10 個最為清廉的國家之一。為保持競爭優勢，澳洲政府對外商投資實行鼓勵政策，包括貸款、補貼、廉價的工業徵地、印花稅的減免或退還、工資稅及地產稅的降低等。澳洲政府還在相當多地區建立了自由貿易區，以更多的優惠政策吸引境外投資。

充滿活力的經濟環境

澳洲是一個高度發展的資本主義國家，幅員遼闊，物產豐富，領土面積居全球第六，是南半球經濟最發達的國家，全球第四大農產品出口國，也是多種礦產出口量全球第一的國家。澳洲的經濟實力雄厚，投資環境優良。擁有世界一流的基礎設施、金融監督制度、高度開放的經濟。

同時，澳洲的經濟與中國互補性強。在礦產能源和農副產品方面，澳洲是 170 多種產品的淨出口國，而中國則是一個淨進口國。在成衣、鞋帽和錄影設備等 515 種產品方面，中國又是一個淨出口國，而澳洲是一個淨進口國。特別是中澳自由貿易協定的簽訂，進一步加強了中澳兩國之間的經濟合作與往來。

澳洲擁有連續 23 年不間斷經濟增長的卓越經濟環境。按

照 GDP 增長衡量，2013 年澳洲居世界自由貿易排名第三位，超過了美國和英國。同時澳洲資本市場增長快、通貨膨脹低的特點，使其成為全球公開認可的上市與投融資平臺。

2013 年澳洲國內生產總值（GDP）達到 1.5 兆美元，經濟結構以服務型經濟為主，占據了 GDP 總值約 80%。澳洲也是 GDP 增長最快的已開發國家，2013 年 GDP 增長率達到 3.4%，遠遠超越了英國的 2.3% 和美國的 2.6%。同時，IMF 曾在 2013 年 10 月的未來發展報告中預測，2012-2018 年度，澳洲的年度實質 GDP 增長率應達到每年增幅 3%。該預測使

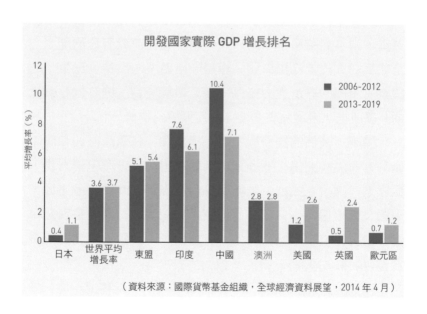

（資料來源：國際貨幣基金組織，全球經濟資料展望，2014 年 4 月）

澳洲成為預計增長率最高的主流經濟體。

《世界競爭力年鑑》每年都評估各國的整體經濟實力，該年鑑曾連續 6 年把澳洲經濟評為全球最具韌性的經濟。澳洲在保持世界農產品和礦產品的主要生產國和出口國地位的同時，還擁有一個正在增長的龐大服務業，其中金融服務業占 GDP 的比重較高，以及廣泛的製造業組成的成熟的工業化經濟。

澳洲的未來增長型行業如旅遊、教育和財富管理走在世界前端，同時也將成為澳洲經濟的支柱性產業。根據 2014 年澳洲財政年報顯示，澳洲 20 個主要支柱性行業中有 16 個超過全球行業生產力平均值，其中醫療、教育、旅遊和天然氣行業超過全球平均 20% 以上；農業、礦業和石油行業更是超越全球生產力平均值 40% 以上。世界行業分布中，澳洲在農業、教育、旅遊、礦業以及財富管理這五大行業中占據世界性重要地位，全球行業排名中財富管理行業名列第三、礦業第四、教育產業全球排名第四。

農業（包含食品業）是澳洲擁有絕對優勢的產業。澳洲作為一個擁有嚴格生物安全法規的大陸，其農業和食品業以清潔、綠色和安全的生產享譽世界。同時，作為世界農業大國之一，澳洲還為潛在投資者提供了進行世界一流研發工作所必需的高品質原始投入、技能和實力。澳洲的食品出口在 2012-2013 年度達到了 10 年以來的最高點，這個數字是澳洲食品行業強大實力的最好證明。

澳洲全球重要產業

教育
（全球第四）

農業
（全球前15）

旅遊
（全球第11位）

財富管理
（全球第三）

能源 & 礦業
（全球前四）

（資料來源：澳洲貿易委員會年報 2014）

　　澳洲和紐西蘭銀行集團預測到 2050 年澳洲食品生產商將
從農業出口獲得高達 1.7 兆澳元的附加收入。亞洲對於安全、
健康和高品質食品以及零售食品原材料不斷增長的需求，正
好完美詮釋了澳洲作為一個「清潔和綠色」食品生產國的強
大實力，和作為地區供應商的良好紀錄。

　　而與此同時，作為經濟高速增長的中國等亞太地區對健
康衛生、優質和方便的食品產品的需求大量增加。而恰巧澳

洲與中國等亞太地區的聯繫緊密，在貿易、投資和文化等領域都已經建立了良好的聯繫，這就使得澳洲在與歐美對手的競爭中脫穎而出，並為投資者提供大量與此相關的投資機遇。同時，這也是農業板塊能夠獲得安全、巧妙和可持續投資的主要動力。

澳洲的能源礦業和農業一樣，也是澳洲重要的優勢產業。礦業能源類題材是澳洲股市的中心題材之一。按照市值計算，礦業能源股占總市值的 37％，而按照上市公司數量計算，礦業公司占 45％。礦業公司總股本為 5 千億澳元（人民幣約 3.5 兆元）。

而提到澳洲的礦業，就不得不提礦業的機構投資者和散戶投資者。澳洲的基金管理產業按其資產規模位居世界第三位，亞太第一位。澳洲基金的總資產中，有 41％來自國外。澳洲的散戶直接投資人，占澳洲全國成年人總人口的 36％。該群體擁有世界頂級平均教育水準，無論是機構投資人還是散戶，與其他國家和地區的股民相比，都擁有更深的投資、礦業知識。

同時，澳洲證券市場支援礦業企業「勘探前上市」。所謂「勘探前上市」，即允許礦業企業在沒有任何收入甚至在開展勘探作業之前，只要擁有勘探許可，以「獨立地質學家報告」的探明儲量等資料資訊為依據，就可以向投資者融資和上市。目前，澳洲是唯一支持這種上市手段的國家，也是澳洲礦業領先於世界的突出表現。

除此之外，金融行業也是澳洲的支柱產業之一，而高科技行業是其未來發展的一大亮點。一直以來，澳洲都在給予高科技行業扶持和優惠，包括生物科技、TMT、新能源環保（LED 照明）等。近年來，澳洲吸引了來自世界各地的大量投資者，並擁有具備國際競爭力的商業環境，目前擁有超過 2 千 3 百家上市公司，涵蓋各行各業及眾多地域的不同企業，有著穩健的融資能力。

優越的社會環境

　　澳洲是全民福利的國家，生活品質非常高，全世界「十個最適合小孩成長的國家」中，澳洲位居第二名。澳洲社會福利種類多而齊全，是一個典型的福利社會，擁有澳洲的國籍身分會為澳洲的公民帶來眾多的保障。同時，澳洲也是世界上社會福利最好的國家之一，在澳洲的居民可以享受到學習津貼、疾病和傷殘津貼、災難津貼、邊遠地區津貼、寡婦津貼、看護津貼、配偶津貼、電話津貼、房租津貼、交通津貼、托兒津貼等。輔助性福利提供方包括聯邦政府、州政府和地方政府在內的三級政府。

　　澳洲政府在居民養老金方面也有成熟的管理。按照澳洲法律規定，凡男性年滿 65 歲，女性年滿 60 歲以上，且在澳洲累計居住滿 10 年以上的老人，每月都可收到政府寄來的養老金，且養老金每年按物價指數調整。在澳洲領取養老金的

居民，同時還可以得到優惠的醫療藥品和其他衛生保健待遇。政府對享受養老金者提供的其他優惠包括減收交通費、地方稅、電費和汽車註冊費等。

同時，澳洲還是全球最為清廉的國家之一，與加拿大並列世界第九位，這為企業在澳洲的投資經營提供了很好的基礎。澳洲在全球最可持續發展評分榜中排第一，在環境、社會、智力等方面，充分顯示了澳洲在全球的可持續發展能力。而這項評分中，英國、美國、加拿大都排在澳洲後面。並且，澳洲也是男女教育公平全球排名第一的國家，是全球性別差距最小的國家。

綜合來講，去澳洲上市是中國企業一個全新的機遇，它不僅使中國企業融到了發展所需要的資金，更促使中國企業改變思維意識，重視資本風險報酬，完善公司的治理結構。

所以，對於那些質地優良的中小企業而言，雖然未來具備發展潛力，但現階段難以在大陸獲得融資，更應該確實根據企業自身的規模實力、未來發展目標、籌資需要、現有市場和境內外資本市場的特點，選擇最適合自身的上市之路，借助國際資本市場的「輸血」功能，最終再實現企業「造血」的願望。赴澳洲上市融資無疑打開了企業快速成長的天花板，成為大陸中小企業境外上市的「新通路」。

去澳洲上市融資

澳洲具有規範發達的金融體系，具有相當深度、流通性和透明性的交易市場，並提供包括股票、債券和基金在內的一整套金融產品和服務。擁有大量掌握多語種、高技能的專業從業人員，以及世界一流的高科技通信設備和政策法規體系，澳洲越來越被公認為世界最重要的金融中心之一。中國企業透過在澳洲上市，可以比較容易地吸引許多國際金融機構和專業投資者，獲得充沛的資金來源。

中國企業赴澳洲上市，對於企業的發展十分有益。而且，中國在澳洲政府中的宣傳都是正面的，中概股在澳洲目前的占比還很小，中概股未來的發展空間還很大，這些都為中國企業赴澳洲融資提供了更多的機會。

▎澳洲證券市場

澳洲的經濟實力為其證券交易所奠定了堅實的基礎。澳洲的經濟被評為全球最具韌性的經濟，這為企業投資提供了一個非常具有說服力的理由。澳洲擁有一個由正在增長的龐大服務業和廣泛製造業組成的成熟工業化經濟，金融服務業

占 GDP 的比重較高。它在保持農產品和礦產品在世界主要生產國和出口國地位的同時，還以電訊和資訊產業高速增長而見長。

　　同時，澳洲人投資證券市場的天性非常活躍。透過直接或間接方式，投資股市的人數占澳洲總人口的 54% 以上。澳洲管理的投資基金資產總額名列世界第四位，價值約為 7 千億澳元。吸引的私募股權基金超過了亞太地區的任何國家，占亞太地區的 24%。

　　目前，澳洲有三個主要證券交易市場，即澳洲證券交易所、澳洲國家證券交易所和亞太證券交易所。

　　要想到澳洲的主板市場澳洲證券交易所上市，企業需要有三年以上的持續經營紀錄，過去三年的淨利潤超過 1 百萬澳元，且過去 12 個月的淨利潤達到 40 萬澳元，或市值達到 1 千萬澳元。若企業上市前滿足的是利潤測試，則沒有對營運資本的要求；若企業上市滿足的是資產測試，則需要有至少 150 萬澳元的營運資金。2008 年至 2013 年這 5 年間，在此上市股票發行商的證券融資總額高居世界前列，5 年連續融資總額達到 2 千 910 億美元，成為繼紐約證交所、倫敦證交所和香港證交所之後第四大證交所，它的融資能力甚至在那斯達克之上。

　　想在澳洲國家證券交易所上市的企業，只要有兩年以上持續經營紀錄，資產規模達到 5 百萬澳元，年營運資本大於 50 萬澳元即可，同樣沒有盈利的要求。在目前，大陸各大銀

行的不良貸款明顯增多，對民營企業融資部分貸款趨於緊縮的背景下，像澳洲國家證券交易所這麼低的上市標準，等於給大陸眾多的中小企業開了一扇窗。此外，對於高科技企業來說，特別需要注意的是要有置換概念，澳洲對智慧財產權是很重視的，智慧財產權也可以算入資產。中國企業的專利、商標、智慧財產權的認證等無形資產，如果有專業機構出具的鑑定報告書，也等同於企業資產。這樣一來，企業總資產達到澳洲的上市標準是很容易的，企業上市的門檻無形中又降低了。

亞太證券交易所的上市門檻相對而言最低，很多想上市的企業基本上都符合其上市條件，只要企業有三年以上持續經營紀錄，資產達到 2 百萬澳元，年營運資本大於 30 萬澳元，無論是否盈利，只要有保薦機構的保薦，就能申請掛牌上市。亞太證券交易所從一開始就允許澳元、美元、人民幣這三種貨幣同時在交易所裡流通，給予境內外的投資者極大方便。

▌澳洲證券交易所

澳洲證券交易所（Australian Stock Exchange，ASX）是世界十大證券交易所之一（以市值排名），於 1987 年 4 月 1 日由六家證券交易所合併成立。1998 年，澳洲證交所從非營利的機構轉變為一家

上市公司，在 ASX 上市，成為全球第一家上市的證券交易所。
2006 年 7 月，澳洲證交所宣布與雪梨期貨交易所合併，成為
亞太地區最大的綜合性金融交易平臺。

截至 2014 年 6 月 30 日，於 ASX 上市公司的市值超過
1.88 兆美元，上市公司數超過 2 千 2 百家，按 MSCI（Morgan
Stanley Capital International）global indexranking 排名為
第八名。涵蓋各行各業及眾多地域的不同企業，按照自由流
通市值計算，ASX 是全球第八大證券市場、第七大交易所機
構，並擁有全球第三大可投資資金池（管理資產達 1.62 兆美
元），在 ASX 上市的 2,193 家企業囊括多種行業。

澳洲證券交易所是一個自律性的管理機構，它在雪梨設

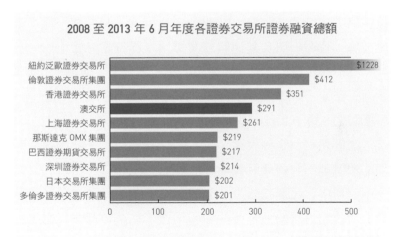

2008 至 2013 年 6 月年度各證券交易所證券融資總額

（資料來源：世界交易所聯合會 2008-2010、彭博 2011-2013.06.30）

立了一個全國性的祕書處，其受全國公司和證券委員會監督管理，最高決策機構是董事會。澳交所的業務範圍涵蓋公司監管、資本形成市場和價格發現市場，扮演著經營者、監管者、訂約方中心清算者和支付系統協調者的角色，其主要活動包括提供交易系統、結算清算系統及證券市場調節的管理。澳洲證交所擁有多種不同形式的國內和國際客戶群，包括各種上市證券發行者、公司、投資銀行、商業銀行、基金經理、對沖基金、商品交易顧問、自營交易商和一般個人投資者等。

市場結構

事實上，澳洲證交所是一個統一的一板市場，沒有二板市場和其他市場。從上市公司的行業角度看，在澳洲證交所掛牌的上市公司，可以分為四大行業板塊：製造業板塊、金融板塊、資源板塊和其他服務業板塊。從行業分布上看，在ASX 上市的公司，主要分布在製造業、零售業、傳媒、交通、金融服務業、採礦、生物技術、房地產、建築、旅遊、通信、醫療衛生、電子商務、基礎設施等行業。

澳洲是一個資源大國，在 ASX 成立之時，澳洲的經濟高度依賴鐵礦石和煤礦等礦產品和原材料的出口。所以在 ASX 上市公司中，超過三分之一的公司來自資源行業，各種資源類上市公司占據澳洲經濟的中心地位，從全球行業巨頭到最小型的勘探公司都有。因此，諸如資源板塊內的採礦業等一

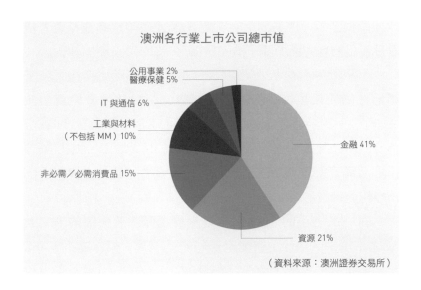

澳洲各行業上市公司總市值

公用事業 2%
醫療保健 5%
IT 與通信 6%
工業與材料
（不包括 MM）10%
非必需／必需消費品 15%

金融 41%

資源 21%

（資料來源：澳洲證券交易所）

直是澳洲證交所上市公司中的重要行業。對於在全球拓展專
案的資源公司來說，澳洲證券交易所是一個重要的國際上市
地。

澳洲資本市場對礦業企業有非常成熟的估值模型，投資
者對處於不同發展階段的礦業企業都可以進行估值和投資，
對這些礦業企業的各種商業模式也非常認可。

許多年來，ASX 與澳洲採礦業緊密合作，制定了最高的
報告標準。聯合礦石儲量委員會（JORC）規範和一系列特別
為資源公司頒布的上市規則，確保 ASX 作為以資源為重心的
市場的地位。這些納入聯合礦石儲量委員會規範的標準，在

增強投資者對採礦業的信心，使 ASX 成為全球礦業投資者精選投資目的地方面發揮了重大作用。

而目前，金融板塊已取代資源板塊，發展成為居於主導地位的成長板塊。例如，澳洲證交所的房地產投資信託（REIT）市場，被公認為世界最尖端的 REIT 市場之一。在澳洲證交所，上市的 REIT 市場已經存續 35 年以上。由於 REIT 市場活躍著大量的深諳投資之道的投資者，使其在澳洲股票市場的比例占到約 5%。

在 ASX 上市的 REIT 市場是世界上僅次於美國的第二大 REIT 市場，占全球上市地產公司的近 15%。相比之下，ASX 市場總量只占全球上市股票總量的 3%。REIT 市場對國內和全球市場的重要意義在於，確保了在 REIT 上市的公司可以吸引市場的注意。

除了上面提到的行業外，生命科學行業板塊在 ASX 的表現也十分活躍，現有一百多家生命科學公司在 ASX 上市。

澳洲還特別鼓勵發展生物科技行業，ASX 致力於透過培育一個健康有益的資本市場，促進澳洲在技術革命發展中發揮更大的作用。只要有一期臨床試驗通過，不需要三年獲利 6 百萬元人民幣也可以在主板掛牌。

為實現這一目標，澳洲證交所提出了倡議，包括長期支持為擴大在投資者中的知名度而舉辦的活動，與行業聯合開發用於生命科學公司報告的最佳實踐規範等。

市場指數

在市場指數方面，因為澳洲證券交易所有六個子公司，每個子公司都有各自的股價指數。比較常用的股票價格指數是「全部普通股指數」，該指數包括 250 家以上的公司，採用加權計算法。

其他指數還包括標準普爾／ ASX 新興公司指數和標普 ASX REIT 專用指數。標準普爾／ ASX 新興公司指數是衡量澳洲市場中微型公司業績的首要參考指標，為投資者提供了分析市場中微型公司板塊的有效工具。而標普 ASX REIT 專用指數，是澳洲推出的一個地產專用指數，可以繼續吸引機構投資人到這一行業投資。

當然也有一些特殊指數，如黃金等金屬的採礦指數，以及 2006 年引入的標準普爾／ ASX300 金屬礦業指數和標準普爾／ ASX 黃金指數，都是專門用於明確採礦業在澳洲股票市場的重要地位，提升採礦業在澳洲市場和國際市場中的形象而設定的指數。

另外，澳洲證券交易所還有一個全國性的「澳洲證券交易所指數」，該指數包括兩組：股票價格指數和累積指數。股票價格指數沒有對股息支付和增值因素進行調整，累積指數則把股息進行理論上的再投資，從而提供了衡量某類股票總體結果的標準。

上市優勢

國際投資者在澳洲證券交易所的市值中占相當比例。作為全球主要市場之一，ASX 目前 42% 的市值為國際投資者所持有。這些投資者能夠改善公司股票形象，增加市場對公司股票的需求，並使公司置於全球價值判斷之下。澳交所常年被視為首次及後續融資的領先市場之一。過去 5 年來，澳交所上市股票發行商的證券融資總額居世界第四位。

ASX 能夠為上市公司提供普通投資者和機構投資者來源，並向全世界的投資者開放。透過在 ASX 上市，公司將成為全球資本市場中的一員。另外，ASX 已成功幫助數千家公司順利過渡至公眾所有框架，進而幫助他們實現自身的發展抱負，並使他們成功轉型成為公有公司。

同時，在澳交所上市，可以為公司帶來二級市場的流動性，更有利於獲取初始與持續資金來促進公司的發展和增長。有的上市公司還能達到加入標普／澳交所指數的條件，進一步強化流動性。澳洲政府對其資本市場的發展有很多政策上的支持，其中最突出的就是 1992 年頒布的強制性養老公積金政策。澳洲強制性養老公積金占據澳洲市場發展的中心地位。據統計，目前澳洲人每年工作總收入的 9% 用作強制性養老公積金，強制性養老公積金直接流入澳洲股市，這確保了澳洲股市裡總有尋求投資機會的穩定資金流。

澳洲證券交易所的發展除了政府在政策方面的支持以

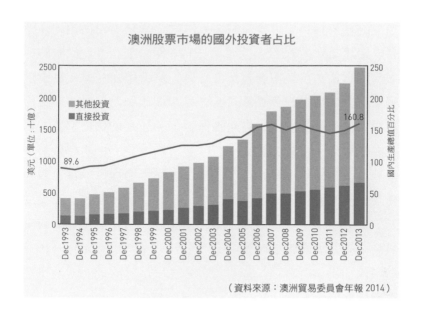

澳洲股票市場的國外投資者占比

（資料來源：澳洲貿易委員會年報 2014）

外，還與先進的技術支援密不可分。ASX 市場的發展動力是其先進的電子交易、結算和登記系統。CHESS（結算所電子附屬登記系統）是 ASX 結算和轉帳公司（ASTC）運作的 ASX 結算系統。

ASTC 是 ASX 的全資附屬公司。ASTC 授權經紀人、保管人、機構投資人、結算代理人等參與者登錄 CHESS 系統，自行或代表他們的客戶進行交易結算。在買賣雙方達成交易三個營業日後，CHESS 系統對這筆交易進行結算。

結算時，系統將股票戶名或其合法所有權過戶，同時透過交易雙方各自銀行帳戶將那些股票交易款進行轉移。這一

類型的結算稱為「付款交割」。付款交割是不可撤銷的。除完成結算之外，CHESS 系統還在其登記分冊上登記股票的戶名（所有權）。這種登記安全可靠，是股民在打算交易股票時登記股票權屬的有效方式。這是 ASX 市場的二級市場交易費用之低的重要原因，從而確保了公司股票的估值準確、資本成本降低和流動性加大。

　　ASX 是世界上最早在現金和衍生品市場提供綜合交易基礎設施的交易所之一。它為 ASX 客戶提供高效服務，並提供新的交易可能，包括股權、認股權證、上市管理投資、利率證券、交易所買賣之期權、ASX 期貨等。

上市條件

　　澳交所上市要求的制定，旨在為創立初期及成熟階段的公司提供支援。《上市規則》規定了公司在澳交所上市所應具備的具體要求，並依託於一整套原則來保證澳交所運作市場的品質。所以，要達到澳交所上市標準，公司必須滿足最低準入條件，包括公司結構、規模與股東數量。

　　同時，ASX 的上市條件規定，公司至少必須擁有 300 名股東，每位股東持有價值至少達 2 千澳元，且至少 50% 的公司股票由公司及其董事的非關聯方持有。若關聯方持有的股票在 50% 至 75% 之間，則公司至少必須擁有 350 名股東。若關聯方持有的股票超過 75%，則公司至少必須擁有 400 名

股東。遞交上市申請前，公司不一定要達到規定的股東分布要求。一般來說，公司在透過上市申請相關之股票的認購活動達到股東分布要求後，方可取得上市審批。

在營運資本的要求方面，ASX 要求，若公司謀求借助利潤審查來取得上市準入，則對公司不設營運資本要求。但是，若公司謀求依據資產審查來取得上市準入，則必須擁有至少150 萬澳元的營運資本；或公司上市後第一個完整財政年度的預算收入至少達 150 萬澳元。招股說明書中也必須表明公司具備充足的營運資本來實施所宣稱的商業目標。

在上市後的持續報告方面，澳洲規定應發布半年及年度報告。一些沒有收入或利潤紀錄的上市公司，還要編制並呈交季現金流報表。此外，礦業與油氣勘探公司需呈交現金流

準入條件		一般性要求
股東數量		至少 400 名投資人，每人持有 2,000 澳元 或 至少 350 名投資人，每人持有 2,000 澳元，且 25%由非關聯方持有 或 至少 300 名投資人，每人持有 2,000 澳元，且 50%由非關聯方持有
公司規模	利潤審查	過去三年淨利潤 100 萬澳元，過去 12 個月淨利潤 40 萬澳元 或
	資產審查	淨有形資產 300 萬澳元 或 市值 1,000 萬澳元

與營業活動季報告，包括礦權權益變化、已發行及掛牌證券。

在澳交所的上市規則中，對於雙重上市採用認可對等義務。一般來說，境外公司與澳洲公司一樣，都要遵守澳交所相同的上市規則。但是，澳交所可在有限的情況下，免除已在某一大型股票交易所上市的公司遵守澳交所特定上市規則要求的責任，前提是該公司已符合其國內交易所的類似要求。

▍其他證券交易所

澳洲國家證券交易所

澳洲國家證券交易所（簡稱 NSX）成立於 2000 年，是澳洲第二大證券交易所，特別適合成長型、創業發展型的企業，尤其是市值小於一億澳元的企業在此上市。澳洲國家證券交易所（NSX）的歷史可以追溯到 1937 年，當時被稱為紐卡斯爾證券交易所。NSX 重新成立於 2000 年，2013 年是 NSX 證交所加快發展的一年。NSX 營運的市場規範、透明、有序、高效。NSX 上市規則旨在滿足新興公司的特別需求，在澳洲全國證券交易所上市的有價證券涵蓋了各種規模、活動和地理位置的實體。

NSX 是進入全球資本市場進行融資業務的運作中心。在NSX 掛牌上市的公司目前可以面向全球資本市場數億潛在投

資者，並在三大洲每天 24 小時進行股票交易。NSX 集中體現了證券交易市場公開、公平和公正的市場原則，並且，NSX 提供的一套獨特的規則、流程、價格和網路，很適合中小企業和增長型公司。

因為 NSX 的規則簡單，而且以原則為主，其他市場的規則約為 NSX 規則的三倍。所以，準備在 NSX 上市的公司將會大大減少了所需的工作。而且，NSX 短而簡單的規則和過程，意味著更低的成本，減少其複雜性和管理時間。

NSX 不僅上市所需的時間短，而且成本費用低。相較於

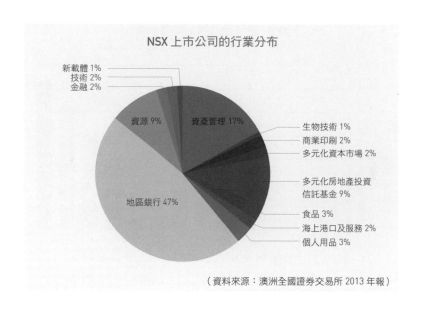

NSX 上市公司的行業分布

新載體 1%
技術 2%
金融 2%
資源 9%
資產管理 17%
生物技術 1%
商業印刷 2%
多元化資本市場 2%
多元化房地產投資信託基金 9%
地區銀行 47%
食品 3%
海上港口及服務 2%
個人用品 3%

（資料來源：澳洲全國證券交易所 2013 年報）

其他交易所，NSX 的上市費用便宜了 80%，每年的上市費平均低於 ASX 的 50%。企業可以將節省下來的這部分開支，用於企業業務發展的刀刃上，而不是用來給交易所交管理費。

除此之外，NSX 上市標準設計，非常適合中小企業的客戶，如最低 50 戶股東，最低 50 萬澳元的市值和沒有最低股票定價。

同時，NSX 具備一流交易系統、管理團隊和工作流程。具體而言，採用的是那斯達克 OMX 交易系統和電子結算交割服務。NSX 作為持牌證券交易所，接受澳洲政府監管，保

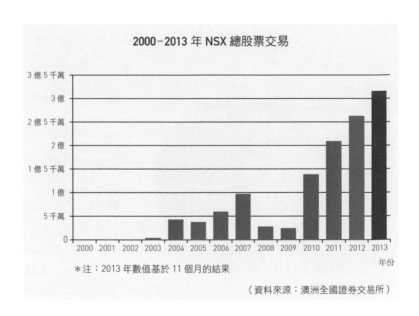

2000-2013 年 NSX 總股票交易

＊注：2013 年數值基於 11 個月的結果

（資料來源：澳洲全國證券交易所）

證投資者的資金安全。除此之外，NSX 可以多地上市服務。NSX 為企業進入全球資本市場進行融資業務的運作中心，為上市企業提供全球資本市場準入服務。並且，NSX 會在企業上市過程中，NSX 的提名顧問和員工會提供全程專業性服務指導。這些顧問涵蓋了廣泛的行業和專業，地理上分散在澳洲和國外。支撐整個上市過程和其後的公司營運。

亞太證券交易所

　　亞太證券交易所於 1997 年以免責市場開始營運，並於 2004 年 8 月被澳洲證券及投資委員會（ASIC）授予證券交易所牌照。2008 年 10 月，寶澤金融集團（AIMS Financial Group）成為澳洲太平洋證券交易所的戰略投資者，並正式更名為亞太證券交易所（Asia Pacific Stock Exchange，APX）。APX 被許可在澳洲提供上市和交易服務。許多已經成為澳洲經濟中非常重要的公司都曾經在 APX 成功上市和交易，這些企業包括西格瑪有限公司（Sigma Company Limited）、雪梨期貨交易所（Sydney Futures Exchange）、SPC Ardmona 有限公司等。

　　APX 亞太證券交易所致力於為所有市場活動主體和投資者創造更多的參與市場機會，透過不同方式力圖使自己與其他交易所與眾不同。APX 亞太證券交易所開啟了亞洲（尤其是中國）資本市場投資之門，吸引來自亞洲（尤其是大中華

地區）眾多投資者到 APX 投資與交易，在澳洲和亞洲（尤其是大中華地區）募集資金。

　　亞太證券交易所是澳洲主板證券交易所，但同時提供二版交易所的靈活服務。在澳洲證券及投資委員會（ASIC）的監管下，APX 亞太證券交易所在合法、公平、有序、透明的交易環境中營運。APX 為各種規模的成長型企業提供國內外多元化的市場融資途徑。

　　該交易所有兩方面重點功能：其一為上市功能，其二為交易功能。前者為相關公司及證券／債券發行機構提供上市服務，後者則為證券交易公司及投資人提供證券交易平臺。APX 交易所被澳洲證券及投資委員會授權可交易廣泛類別的證券和提供全面的服務。在 APX 交易所平臺上可以進行交易的品項包括：公司股票、信託單位、集合投資產品及固定利息產品如債券等。

　　APX 亞太證券交易所特別關注成長型企業，並且採用多語種（剛開始先用英文和中文）交易和資訊平臺及客戶服務，具備先進的交易系統，提供即時報價、極易操作和使用，具有多元文化背景管理團隊，熟諳中西金融與資本市場，能夠提供高市場透明度和高品質服務。

　　同時，APX 亞太證券交易所的營運規則相對簡單，對上市公司的公司結構局限因素較少，市場準入要求更低。例如，擬上市機構不需要改變控制權、董事會及組織架構。APX 亞太證券交易所採用現代科技以及高效的交易平臺，使經紀公

司可以線上下單，並且讓投資者可以線上追蹤訂單。APX亞太證券交易所採用的交易系統是由已經過五年多試營運的免責市場交易系統發展革新而來。簡便且易操作的交易、清算及交割系統，非常適用於低交易量以及中等交易量的交易市場。

▌ 赴澳上市要注意什麼？

中國企業赴澳洲如何入門？

　　中國企業赴澳洲上市有眾多好處，比如說，有利於中國透過澳洲上市獲得通往西方市場的通行證；有利於中國企業獲得充沛的資金來源；有利於處於不同發展階段的中國礦業企業融資上市。儘管有許多好處，但上市過程中有一些特別需要注意的問題和風險，也有一些需要巧妙運用的技巧，還有一些澳洲政府針對赴澳洲上市的境外企業的特別政策，對於這些內容，只有心中有足夠多的掌握，才能在赴澳洲上市的路上更加順利。

　　中國企業在澳洲上市首發，以科技股為導向會比較容易成功。因為，目前澳洲資本市場比較關注科技和電信、生物醫藥和大健康、能源和礦產以及農業和食品這四大行業板塊，其中科技和電信、生物醫藥和大健康這兩個板塊的首發金額

都大於二次增發金額；能源和礦業板塊因行業全球市場不太景氣，所以，二次增發金額超過首發金額。農業和食品板塊將會是澳洲下一個支持的行業，平均本益比在 40 倍以上。

　　中國企業到澳洲上市應該滿足一些要求。簡單說，上市要求只有三點：擴展性、利潤測試和資產測試。擴展性是指至少要有 400 戶股東，每戶持有不少於 2 千澳幣價值的股票；或者 350 戶股東，至少 25% 的股份由非關聯方持有；或者 300 名股東，至少 50% 的股份由非關聯方持有。利潤測試指過去三年的利潤總額達到 1 百萬澳幣（6 百萬人民幣）並且過去 12 個月的利潤達到 40 萬澳幣（240 萬人民幣）。

　　公司主要的經營活動在過去三年內不曾改變，公司必須要有三年國際標準的審計報告，並且由澳洲審計師認可。如果公司在年度審計報告出具後的 8 個月未能提出上市申請，則需要重新補充半年或者更長時間的審計報告。資產測試是指在減去上市成本後，至少有 3 百萬澳幣的有形資產或者公司市值達到 1 千萬澳幣。現金形式的資產不能超過總資產的一半，如果超過，公司需要制定計畫花費掉多餘的現金。礦產公司必須制定兩年期的資產使用計畫，流動資金必須有 150 萬澳幣，如果沒有，上市之後的首個財政年度的預測銷售額中應該包括：礦產探勘公司必須制定上市首個財政年度的預測資金使用成本和收購成本。

中國企業在澳洲上市的幾種方式	
境內企業在境外 直接上市	中國大陸的企業法人保持原註冊地不變,透過直接在境外首次發行股票的方式獲得上市。
離岸公司在境外 直接上市 (紅籌股形式)	由公司股東(或實際控制人)在境外註冊一個海外控股公司,將擬上市公司權益(包括股權或資產)全部注入該公司,並以該公司為主體在海外市場上市發行股票融資。
境外買殼上市 (反向兼併)	私營公司收購上市公司,並獲得其大多數股票(通常為 90%),把上市公司的名稱改為自己的名稱,並委派和選擇其管理層和董事會。

中概股上市應注意哪些問題?

　　對於 2014 財政年度來說,中概股在澳洲的表現並不一樣。有些公司做得好,有些公司做得不好。但總體來說,中概股公司的品質相較於 2010 年以前都有了很大的提升。

　　中概股無論從企業自身素質還是承銷團隊的素質來看,都比以前有了很大的進步。但值得注意的是,中概股公司還需要樹立自己在澳洲市場的良好形象。對於準備赴澳洲上市的中小企業來說,赴澳洲上市必須嚴格遵守交易所的上市規則,不僅要依照國際化準則,對財務報表進行梳理,而且要

從法律上做好公司的海外架構。此外，公司上市後還要對澳洲的投資公司、投資人提供持續的資訊披露。如果是礦業公司在澳洲資本市場上市，則每三個月就要提交一次財務報表的公開披露，如果是其他行業的公司，則每6個月就要提交一次財務報表的公開披露，這是澳洲證券交易所的規定，是上市公司必須遵守的底線。

事實上，對於赴澳洲的擬上市公司而言，澳洲是占據了天時的優勢。因為中概股在澳洲剛開始，而且中國與澳洲剛剛簽訂了中澳自貿協定，這對於企業來說是一個絕好的契機。深圳有一家公司叫淘淘谷，連續賠了三年，在澳洲上市後，市價達到50億澳元也就是2百多億元人民幣，正是中概股的存在幫助淘淘谷一飛沖天。

在澳洲上市的企業如果需要增發其實是很容易的，但是條件是這家公司首先必須是獲利的，要有正利潤。只要說清楚增發融到的資金是做什麼用的，與主營業務之間是什麼關係；增發的資金到位之後，要按照之前披露的招股說明書按部就班地去執行。如果執行得好，後面若想增發，那會很容易成功；如果執行得不好，公眾就會產生很多疑問，以後就不再相信這家公司，增發也就變得不可能。

另外，澳洲的財務預測主要分為三個部分：收入、利潤、現金流。中概股公司在做未來的財務預測時要非常小心，比如說，如果你告訴公眾，公司預測一年後可以實現4百萬澳幣的純利潤，結果只實現了320萬澳幣，大家就會很失望；

如果當初你告訴公眾說，公司預測一年以後可以實現 350 萬澳幣的純利潤，結果最後實現了 380 萬，超出預期，公眾就對你有信心，增發就容易成功。

但是，如果當初公司預測一年後可以實現 350 萬澳幣的純利潤，但最後的結果是超過 5 百萬澳幣，這種太大的差距也會給公眾留下不太好的印象。因此，中概股公司未來財務預測的準確度對於投資者關係的維護是非常重要的，一定要做到誤差比較小才行。除此之外，中概股公司還要特別注意上市後的一般持續責任。在 IPO 過程完成後，公司的股份一旦開始買賣，新上市公司將需要履行澳洲資本市場上市規則內的詳細持續責任。

事實上，為將成功上市的機會最大化，對於中國企業在澳洲資本市場上市，建議公司在進行 IPO 前採取以下步驟：第一，考慮 IPO 是否為公司的正確選擇，如果是考慮澳洲資本市場是否為最合適的上市地點選擇。可以儘早開始準備工作並將 IPO 視作一個持續的過程，而非一項一次性的財務事件，因為缺少規畫可能會降低公司取得最優上市評價的機率。第二，制定優良的業務計畫及創出可信的投資佳績，以顯示一項清晰的、切實可行的中期增長計畫，並以此計畫構成招股說明書的依據，確保公司與同業競爭對手相比具有競爭優勢。第三，儘早委任在 IPO 方面經驗豐富的團隊，包括投資銀行／承銷商、律師、會計師及股票登記公司，引領公司有效完成整個過程並儘量避免在 IPO 過程中造成業務中斷。第

四，在上市前就開始以上市公司標準行事，例如確保實行健全的財務、營運及資訊系統；落實上市公司所適用的公司治理安排；確保擁有優質的管理團隊領導公司，管理團隊中行政總裁和財務總監尤為重要，他們將是機構投資者在 IPO 路演過程中的主要關注點；確保公司擁有適當的專家以及董事會的獨立性；委任投資者關係顧問以確保在 IPO 前後向市場公布正確信息。**第五，考慮是否對行政人員和雇員實行適當的激勵計畫**，以確保他們在上市後受到適當激勵實現業務增長。另外，對於擬上市的中國公司，一定要面對現實，為達到成功上市需在籌備 IPO 的過程中投入更多的時間和工作量。

澳政府對境外上市公司的特殊政策

外國公司上市的方式一般有兩種。第一種是獲豁免外國公司上市地位，這一方式僅可供第一上市地為另一證券交易所的大型公司選擇，並須符合下列其中一項條件：最近三個財政年度，除稅前經營利潤，每年至少為兩億澳元，或淨有形資產至少為 20 億澳元。第二種是完全在澳交所上市──任何外國公司均可尋求完全在澳交所上市，但其須符合澳交所的準入條件，包括各類財務門檻和股東分布。獲豁免外國公司上市地位的公司僅須遵守澳交所上市規則的最低要求，完全在澳交所上市的外國公司須遵守 ASX 上市規則的所有規定以及相關披露責任，但 ASX 對特定上市規則的應用授出豁免

的情況除外。ASX 在若干情況下會豁免遵守特定上市規則的規定，但前提是其確信另一證券交易所適用於相關公司的規則的嚴格程度至少不遜於 ASX 的規定。由於外國公司的買賣通常不能透過 ASX 的電子交易系統結算所電子附屬登記系統（CHESS）進行交收，股份繼而以存托憑證，即 CHESS 存托權益或 CDI 形式買賣。

在上市之後，一般而言，除非海外公司取得豁免外國公司上市地位，否則均須與澳洲公司一樣履行相同的持續責任。然而，在某種情況下，ASX 會對外國公司施加額外披露規定或豁免其遵守若干上市規則。例如，由於澳洲的收購及主要股東規定並不適用於在澳洲境外註冊成立的公司，因此，ASX 規定須在各年內載有一份有關這一事實的陳述，並要求公司承諾在知悉任何人士成為或不再成為「主要股東」，或「主要股東」在其中擁有權益的證券數目發生至少 1% 的變動時，立即在市場上公布有關資訊。再比如：ASX 可能允許外國公司以其原司法管轄區的貨幣，並根據該司法管轄區認可的會計政策進行申報，並在其認為公司第一上市地的同等要求的嚴格程度足以確保市場知悉所需資訊的若干情況下，豁免其遵守財務申報規定。

赴澳上市該回避哪些風險

澳洲的制度是 T+3（當天買入，三日後才可以賣出變

現），所以，它百分之七八十的比例都是機構投資者，不像臺灣、香港、大陸一樣散戶特別多。在澳洲上市由於門檻低、時間短，因此，上市之後的監管非常嚴格。

中國企業需要注意的風險主要包括以下幾個方面：

財務風險，包括會計和報告、市場、流動性和信貸、稅務、資本結構等。企業需要設定切實可行的財務目標，同時在財務上保持透明度，符合公司各利益關聯方的期望。

戰略風險，包括規畫和資源調配、溝通、投資者關係、市場競爭動態、併購活動、業務剝離、宏觀市場動態等。建議企業應該重視經營戰略，把快速開拓當地市場和穩健發展相結合。

合規風險，包括滿足持續披露的義務，符合當地的法律監管和合規要求，以及一些特定行業的監管要求。加強公司治理，企業上市要符合相關監管和披露要求，瞭解當地監管環境，加強公司內控程序。

營運風險，包括資訊技術、實體資產、銷售和行銷、成本控制、當地團隊建設等。企業要配備相關的獨立董事、高階主管及當地專家，幫助企業規避可能碰到的營運風險。

境外上市
前期準備

・通盤評估與全方位籌畫
・仲介輔導機構的輔導
・盡職調查
・制定上市方案
・上市前的私募融資

中小企業境外上市，一般需要經歷三個階段，一是上市前的準備，二是上市申報，三是上市後的持續責任。正所謂：「工欲善其事，必先利其器。」在這三個階段中，上市前的準備工作尤為重要，從某種角度來說，這一階段工作的好壞是決定企業上市成功與否的關鍵。

▎通盤評估與全方位籌畫

中小企業在境外上市籌備過程中，唯有準備充分，方能旗開得勝，確保成功上市。在上市的準備工作中，有效規畫和專案管理是企業境外上市前準備工作中的重點，尤其不應該被企業所低估。

同時，由於企業境外上市的特殊性，企業上市之前一般都會聘請有經驗的仲介輔導機構。但為了節省時間和資金成本，建議管理層在任命上市顧問之前，進行詳細準備工作。其中，企業IPO前需要考慮的問題一般包括：評估董事會的構成、確定融資上市的理想法律結構、明確集團內部企業哪些應該被納入，而哪些不應該被納入等。

同時，對於絕大多數準備去境外上市的大陸中小企業來說，上市前需要重點關注的主要是財務和法律兩方面的問題。但因為絕大多數的中小企業產權、股權關係都比較清晰，一般法律上不會有太多的問題。所以，財務問題應該是境內中小企業上市前需要重點關注和解決的主要問題。

戰略考量

中小企業境外上市之前，企業的董事和總經理需要研究各種因素，衡量企業是否已為上市做好準備。

一般來說，企業上市之前不僅需要制定企業的長期目標和策略，還需要對公司的高級管理層和董事會的現有成員進行評估，考慮他們目前是否存在技能缺陷，如果存在，在上市後的環境中，這種缺口需要儘快填補上。

同時，還需要重點考量以下幾個層面。

企業上市時機的選擇。比如說，外部資本市場環境是否穩定？內部董事和高級經理是否已經為公司上市以後需要披露更多資訊，承擔更大責任，以及提供更多透明度做好準備？

企業在上市之前，需要確定和任命顧問，幫助企業解決上市過程中可能會出現的各類問題。顧問一般包括保薦人、承銷商、會計、律師、稅務專家、公共關係或投資者關係等。

為達成企業上市的最佳效益，企業上市之前可能會涉及一些內部的調整工作。比如說，董事會、企業業務、企業結

構或企業章程等。同時，諸如收購、資產剝離、聘用新的董事或高級管理人員均應列入優先事項予以安排。與此同時，作為上市企業常常需要改變其原有的一些行為規範和思想意識，比如說，上市企業需要及時向市場公布重要資訊（連續性的披露）。另外，上市還有可能對企業文化產生重大影響，需要企業制定改變企業文化的有關規畫。

除了上面提到的幾個方面外，在上市程序的初期，建議企業和企業顧問進行一些基礎財務分析，從而對企業的價值做一個現實評估。因為企業的估值會影響企業發行股票的比例，以及企業募集資金的數額。

事實上，企業要想在境外成功上市，首先必須保證企業申報期內的財務報表順利透過有上市審計業務資格的會計師事務所審計，並出具無保留意見的審計報告。因此，企業的財務管理、會計核算是否規範，涉稅事項的處理是否規範，是企業能否成功在境外上市的重要條件。

財務規範

一般而言，大陸中小企業在上市之前都存在財務不規範的現象。這主要源於大陸中小企業財務制度不夠健全，存在諸如避稅、漏稅、資金體外循環等問題。因此，企業在境外上市前，財務問題就應當成為中小企業重點考慮的問題。而且境外投資人在評估一個企業的時候，大多會考察企業營利

性、穩定性、成長性，這也是企業核心競爭力的主要體現。因此，企業一旦決定在境外上市，就必須請專業的會計師對其會計帳務進行清理和規範，使其符合上市要求，以便順利透過有上市業務職業資格的會計師事務所進行上市審計。

　　事實上，有關財務方面的問題，常常體現在財務報告上面。這是因為財務報告不僅是反映企業財務狀況和經營成果的書面文件，更是企業投資者、債權人、政府部門及其他機構等資訊使用者獲取企業財務狀況、經營成果和現金流量資訊的主要途徑。而且，企業在準備上市之前，需要提供可比較的歷史財務報告作為招股說明書的一部分。同時，財務報告品質的高低，直接決定了企業外部資訊使用者決策的準確性。因此，企業一定要首先確保財務報告的準確性。當然，這裡所指的財務報告並非僅限於最基本的財務報表，而是涵蓋與企業績效及營運情況有關的所有資訊。

　　儘管近十幾年來，與上市公司財務報告有關的準則，無論是在數量上還是在複雜程度上都出現了大幅提升，但企業在財務治理方面的步伐卻相對緩慢。作為中小企業，準確評估和應對企業的財務報告風險，是確保有效的上市準備流程中的一個至關重要的組成部分。

　　更進一步說，企業必須擁有必要的基礎設施。包括健全的財務報告政策與流程、勝任的財務人才、完善的管理報告體系，以及健全的系統資料支援等，以確保財務報告準確無誤。當然，無論財務資訊如何準確，會計系統如何完善，如

果企業的內控環境允許管理層擅自篡改財務資料，所有的努力將功虧一簣。企業必須設計有效的防控方案，防範和化解這一風險的出現。

企業一定要避免出現財務錯報，尤其是重大財務錯報，這也是財務報告流程中必須關注的關鍵風險之一。這裡提醒企業，一般容易引發新上市公司財務錯報的常見原因，可能包括財務會計準則的誤用、技術能力不足和支援性檔案資料不足等。同時，鑒於錯報後果的嚴重性，企業必須建立健全財務報告體系。在管理層層面、內部審計層面及董事會層面築起有效的監督防線，將財務錯報的風險降至最低。

除此之外，企業還應具備高效的財務結算流程。因為企業擁有高效規範的財務結算流程，不僅可以在最大程度上確保企業向有關監管機構提交報告的準確性和完整性，而且有助於企業及時發布經財務分析師、外部審計師和法律顧問以及高級管理層審閱過的業績公告。

從營運層面而言，低效的財務結算流程會占用財務部門大量的時間和精力，進而影響其執行更多的其他增值活動。

但企業是否能擁有高效的財務結算流程，最終還是要取決於企業的高層態度。在這方面，企業的財務總監可以從專業的角度，加強企業對快速、準確的結算的重視和宣傳。並做好上下協調與溝通，先從企業內部統一思想開始。

高效的財務結算流程一般需要諸多工具予以推動和提供支持。這其中既包括編制全面的結算任務清單、制定流程圖

及控制活動圖，也包括制定整體財務日程表，重點突出重大的月末、季末和年度活動，以及分別為各個職能領域制定詳細日程表（例如總帳會計、財務計畫和分析等），並將其合併至整體財務日程表。這些將有助於確保控制充分到位，且有關工作在整個團隊間獲得最佳協調，達到減少溝通成本和瓶頸制約的目的。

稅務規範

上市牽涉的稅務問題可能很複雜，有些不夠清晰的問題應該在上市之前儘快澄清，確認是否存在逃漏稅或其他違反稅法的行為。當然，這項工作也可以透過聘請專業的會計師或稅務師協助完成。

通常情況下，上市會牽涉到的稅務問題，以歷史遺留的稅務問題和企業重組中的稅務問題為主。這其中，歷史遺留的稅務問題是產生稅務風險的重要來源之一。

作為中小企業主一定要針對這種歷史遺留的稅務問題積極與相關稅務機關進行有效溝通，儘早加以處理和解決，千萬不要心存僥倖，總是對歷史遺留的稅務問題持置之不理的態度，不但會使企業在上市過程中付出更高的稅務成本，甚至可能會影響公司的上市進程。

中小企業還應在適當時，向稅務機關申請批復以明確涉稅問題的處理方法，這是消除或降低稅務風險的理想途徑。

必要時，擬上市企業還可以聘請稅務仲介輔導機構幫助研究和處理此類問題，以分擔部分風險。

　　企業重組中也會出現一些有關稅務調整的問題。比如說，為了使企業在營運上更有效率，對投資者更具吸引力，企業在上市前往往會對上市的控股架構和業務營運模式進行重組，而重組將會給企業帶來一系列的變化，這其中包括稅務方面的變化。對於這類問題建議中小企業主能夠及早關注並積極採取措施。同時，企業需要將業務重組與稅務籌畫結合在一起，既能滿足企業的商業規畫，還能有效降低稅務風險。需要特別指出的是，企業在上市前所進行的業務重組，必須是以公司業務發展需要和目標為導向的，也就是說，需要有合理的商業目的。如違背這個原則，僅僅以節稅為導向，那麼稅務機關可能會認定整個安排是以避稅為目的，從而不認可企業的稅務安排，並按照合理方法進行納稅調整。

　　事實上，擬上市企業在上市前需要著重考慮的稅務問題，除了以上兩個方面外，還有可能在轉讓定價中因為交易不符合獨立交易原則而被進行納稅調整（一般來說，被認定為轉讓定價對象的企業主要包括：連續數年營業虧損或盈利上下波動的企業，與低稅率地區關聯企業業務往來數額較大的企業，關聯交易和非關聯交易利潤率存在差異的企業，以及存在特許權使用費或者其他服務費用支付的企業等）。

　　此外，監管層在對 IPO 申報企業涉稅問題的核查中，稅收依賴也是稅務規範的一個重要方面。因為在《首次公開發

行股票並上市管理辦法》中明確規定：「發行人的經營成果對稅收優惠不存在嚴重依賴。」在實際操作中，如果稅收優惠占各期利潤平均達到20%以上，將會構成嚴重的稅收依賴，同時將構成IPO的絕對障礙。

同時，企業在境外上市過程中，針對發放股票期權的公司，稅務上要重點考慮的一個問題還包括股票期權的稅務問題。因為股票期權在中國稅負比較沉重，公司應該爭取保證員工享受到股票期權利益的同時，又需要考慮如何合法地降低比較沉重的稅負。因為企業員工如果在得到股票期權帶來收益的同時，稅務上又要付出很大代價，實際上是會使企業給員工的激勵大打折扣的。

協調內外備戰上市

就企業內部而言，在啟動IPO之前，需要配備各類有關上市的主要人員。首先，企業需要有一個推動企業上市的關鍵人物，負責協調各種關係，而此人一般應是公司的CFO。一個好的CFO往往會起到事半功倍的效果。

此外，精通相關會計準則的會計人員、優秀的IT人員，以及熟悉境外資本市場法律法規的法務人員都是必不可少的。

具體來看，不同的目標資本市場可能有不同的專業能力側重。企業可以對相關能力需求進行客觀評估，識別所需資

源，透過外部招聘或利用外部諮詢顧問來彌補有關能力的缺失。

需要特別指出的是，在上市過程中，一支優秀的上市團隊是企業成功上市的重要保障。除組建內部上市團隊之外，擬上市企業還要篩選出一支英勇善戰的企業外部團隊，包括投資銀行、法律顧問、評估師、審計師及相關專業仲介輔導機構等。

企業內部上市團隊應由熟悉企業營運、財務、法律和其他相關事宜的人員組成。企業內部資源全部到位後，各部門之間要協調作戰全力支持上市工作，例如財務部主要配合外部會計師和評估師開展財務審計、資產評估及制定盈利預測；法律部則要協助外部法律顧問處理相關法律事務等。

與此同時，如何選擇證券交易所是擬上市企業必須認真衡量的問題。不同的資本市場有不同的定位，也會形成不同的行業偏好，企業要選擇最適合自己的交易所。富有經驗的CFO就應幫助企業進行評估，或與投資銀行合作幫助公司做出客觀的評估。

當前大部分擬上市的中國企業在境外上市過程中，選擇證券交易所時，還是以多年前的固有思維將香港、美國、新加坡等地作為主要考慮的範疇。而實際上，澳洲證券交易所正在成為擁有豐富境外上市經驗的CFO們青睞的對象。原因就在於選擇在澳洲上市不僅週期短、顧問費較低，上市條件還會相對寬鬆。

澳洲市場有著自己得天獨厚的行業和資源優勢，從事資源（能源、金屬和礦產）行業、金融行業以及非必需消費／必需性消費行業比較適合在澳洲上市。不僅如此，澳洲的股民往往樂於購買對行業比較熟悉的上市公司的股票，這決定了股票發行後股民對所發行股票的關注，從而直接影響到股民對所發行股票的購買力以及股票發行後的流通性。

有一點需要強調的是，無論企業選擇在哪裡上市，財務審計是必不可少。在執行審計時，審計師應保持完全獨立，不能幫助企業準備相關政策制度等。這對於尋求在境外上市的中國企業來說也是一個較大的挑戰。

當以上的這些工作都已經全部做到位，接下來一項最重要的工作便是上市前的路演。

俗話說「酒香不怕巷子深」，這種長久以來深入人心的想法，其實並不完全適應現代的環境。在現代的商品市場，營銷運作的重要性絲毫不亞於產品本身的品質之優。再香的酒，被街頭的五味遮蓋，也飄不到消費者的鼻子前。同樣，再優秀的企業，上市之前的路演都是至關重要的，更進一步地說，路演成功與否直接決定著企業上市的成敗。

所以說，路演之前要做好充分的準備，特別是招股說明書的編制。企業準備的路演材料應重點展示企業的核心競爭力和長期發展能力，讓潛在投資者能夠明確地看到和感受到企業的投資價值所在。

最後需要特別提醒的是，企業在準備 IPO 時，應提前考

慮和規畫再融資事宜。例如在引入私募基金時，企業應多留一些餘地，以防出現資金短缺還要再做融資，導致股權被稀釋。在準備首次發行時，應考慮是否做二次發行，因為這會影響企業的定價戰略。

完善公司治理

上市之前所做的一切準備，目的都是希望企業上市之後能夠持續性地、輕鬆地進行規範管理，而不是為了達到某個法案的合規，更為重要的是要建立一套有效的機制、一個健全的體系、一個完善的管理結構，實現專案到流程的自然轉變。而完善的公司治理結構，是企業建立健全有效的內控機制和實施合規活動的基礎和保障。

無論是美國的《薩班斯 - 奧克斯利法案》（Sarbanes-Oxley Act）、日本的《金融商品交易法》還是香港聯交所的《上市規則》，其宗旨都是為了實現管理透明度和管理結構的完善。

關於如何實現這一點，首先，每個企業要根據自己現階段商業模式的成熟度進行規畫。有些企業已經形成了一定的管理模式，或者已經進行了幾輪私募投資，整個管理結構已經相當成熟，IT 系統也已經非常完善。但是很多企業對管理結構的建設並不充分，或者私募基金進入企業的時間尚短，因此在應對各類資訊或營運壓力時顯得力不從心。

其次，企業公司治理的完善還取決於企業的經營模式、規模以及業務複雜性。如有些公司業務跨度大，有很多區域子公司，對資源的調配要求也就更高。同時，完善的公司治理和穩健的內控機制能夠為企業增值，例如提高財務預測的編制效率等。而內控建設亦非僅為上市服務，而是企業實現規範運作，實現資訊流動順暢的切實保障。

此外，公司治理方面除了以上提到的內容外，審核企業現有的 IT 系統環境和基礎設施，確保其不僅能滿足企業上市後的公開報告需求，並且足以支撐和應對企業未來業務的增長，也是擬上市企業在上市準備階段面臨的又一挑戰。尤其是對於自動化程度非常高的企業，IT 架構的優化工作更應儘早開始。而對於自動化程度相對較低，且合規資源較緊缺的企業，如果無法立即實施全面的 IT 系統升級工作，最低限度也要對其 IT 需求執行一次客觀、真實的評估，判斷現有的 IT 系統能否提供足夠的分析支援，幫助應對企業掛牌後來自資本市場和自身業務增長的需求，進而採取相應改善措施。

▋ 仲介輔導機構的輔導

企業在境外上市，這是相對於境內上市比較特殊的形式，中國企業會面對來自上市地與中國本土的不同法律、文化、企業管理方式以及工作流程等方面的多種不適應。同時，作

為企業，不可能擁有各方面的專家。所以，企業在準備上市之前聘請一家在境外上市方面比較有經驗的專業仲介輔導機構。這對於幫助企業成功在境外上市至關重要。更進一步說，選擇到「合適」的仲介輔導機構是企業上市過程中後續一切工作的基礎。

選擇輔導工作的最佳時間視窗

對於準備在境外上市的中小企業來說，上市輔導工作的意義重大，企業應該特別重視。而且，上市輔導絕不僅僅是上報材料前的一個程序，更不是在走過場。輔導是學習的過程，是轉變觀念的過程，是健全企業制度規章的過程，是逐漸實現規範運作的過程，更是發現問題並解決問題的過程。

輔導工作應該從什麼時候開始呢？對於準備在境外上市的企業來說，建議輔導工作最好從保薦機構介入之前即應開始。為什麼這麼說？

選擇在這個時間點讓仲介輔導機構介入，一方面是因為保薦機構對企業的保薦需要承擔一定的責任和風險，保薦機構一般會對企業是否有不規範運作的現象有嚴格的把關，而大陸目前的中小企業在生產經營過程出現一些不規範運作，或者說與境外資本市場要求的運作規範不符的現象，也是極有可能的。但是，這些不規範現象如果過多地被保薦機構所瞭解，保薦機構的保薦積極性將會大受影響的。另一方面，

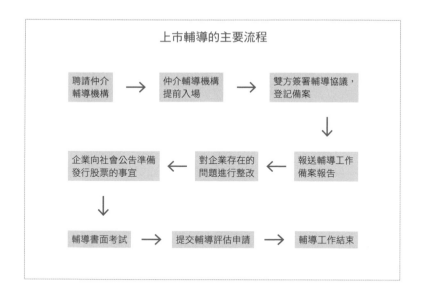

上市輔導的主要流程

聘請仲介輔導機構 → 仲介輔導機構提前入場 → 雙方簽署輔導協議，登記備案

↓

企業向社會公告準備發行股票的事宜 ← 對企業存在的問題進行整改 ← 報送輔導工作備案報告

↓

輔導書面考試 → 提交輔導評估申請 → 輔導工作結束

從企業節省成本的角度來講，在保薦機構介入前開始輔導工作有利於及時規範公司運轉，提升公司營運能力。這樣，就可以確保保薦機構介入後，不因公司不規範行為導致各仲介輔導機構忙於發現問題以及採取各種補救措施，從而拖延上市時間表並提高上市成本。

篩選仲介輔導機構的標準

企業在準備上市前，一般會成立上市籌備小組，並開始選擇外部合作機構，即仲介輔導機構。企業在境外上市所涉

及的主要仲介輔導機構有：會計師事務所、律師事務所、證券公司及保薦人、資產評估機構、土地評估機構等。企業與這些仲介輔導機構簽署合作協定後，企業便在仲介輔導機構指導下開始上市前的準備工作。如何選擇適合的仲介輔導機構對每一個準備在境外上市的企業來說都十分重要。

綜合來講，對於準備境外上市的企業，篩選仲介輔導機構一定要事先做到心中有數，要有原則、有標準地進行篩選。在選擇仲介輔導機構時，不要選最好的而是要選最適合的。概括起來，需要遵循的原則包括以下幾個方面。

合資合規原則。 國家對仲介輔導機構是有系列的規範管理辦法的，比如說一些國家的監管部門只受理具備保薦資格的券商提交的證券發行上市文件。因此，企業在與券商接觸中，有必要對其營業執照等相關文件進行查看，鑑別是否具備保薦資格，避免因為券商變動所帶來的風險。

任務明確原則。 為減少後期工作溝通成本，在選定仲介輔導機構時要盡可能儘早確定工作內容、時間、要求以及費用等重要事宜。

競爭性原則。 企業可以以「招標」的形式來篩選仲介輔導機構，並要求各個投標機構要拿出具體的操作方案，企業透過對比，既可以瞭解到仲介輔導機構的相關資訊，又可以排除不符合要求的仲介輔導機構。

費用合理原則。 企業發行上市選擇仲介輔導機構後，支付的費用要合理，在參照整個證券市場行情確定費用時，也

要結合公司的自身狀況。

此外，除了以上原則，對仲介輔導機構的資歷背景以及項目團隊的考察也十分重要。一般來說，選擇的仲介輔導機構不僅需要該評估機構參與過境外上市，更重要的是參與公司專案的專案人員也要有境外上市的工作經驗。最後，建議明確要求為公司專案配備較高比例的有一定工作經驗的專職項目人員，避免負責人與主要業務人員有項目經驗，其他參與人員是臨時拼湊的學生或其他非機構正式員工的情況發生。

同時，公司與仲介輔導機構或仲介輔導的專業人員在簽訂輔導協定時，應該注意雙方應該是本著自願、平等的原則簽訂輔導協議。輔導協議應該包括以下幾個方面：雙方的權利、義務和責任；輔導內容、計畫及實施方案；輔導形式；輔導期間及各階段的工作重點；輔導對象或接受輔導的人員；輔導所要達到的效果；輔導費用及其確定的原則和付款方式；輔導協議的變更與終止；保密條款；違約責任；協議的解釋和爭議的解決等。

主要的仲介輔導機構類型

主要的仲介輔導機構包括：作為上市協調者的保薦人、作為財務狀況管理者的會計師事務所、作為法律事項把控者的律師事務所，以及將資產價值量化的資產評估公司。

保薦人，即主承銷商，是上市小組的組長，這個角色很重要，在上市過程中起協調作用。如果沒選好，企業上市會比較困難。承銷商的職責很多，在改制階段指導企業改制，輔導股份有限公司的設計、資產設計、業務重組，甚至在法律等方面提出意見。同時，上市過程中股票的賣出和上市後持續資訊的披露也由承銷商負責。

會計師是企業財務狀況管理者，其重要性僅次於保薦人。很多企業被否決，問題一般就在於會計師事務所。會計師事務所的職責是從財務角度參與改制，協調全過程。企業上市最終所有資料性的材料都出自會計師事務所，會計師事務所要保證最後出來的利潤既要符合規定又要符合資本市場的成長性。另外，盈利預測、財務審計、內部控制評價等也都是會計師事務所要做的事情。具體而言，財務顧問的主要職責範圍包括：審閱公司財務現狀；提出財務存在的問題並提出解決方案；對照擬發行股票並上市的證券交易所規定的上市條件，並制定達到上市條件的財務方案；編制、整理財務帳簿和財務憑證。

律師事務所的職責是參與改制，負責發行過程中和發行後的法律事項，包括企業在 IPO 申報專利時的法律狀態，即三年之內是否更換過實際控制人、是否存在潛在債務等相關事項都由律師報告。具體而言，法律顧問的主要職責範圍包括：配合財務顧問，完善公司財務制度，解決財務存在的法律瑕疵；為公司的境內外股權或資產重組及併購提供法律方

案並辦理相關手續；完善公司各項規章制度；完善公司法人治理結構；審閱公司已簽約合同的合法性、完整性以及可執行性；解決所有已經存在的或潛在的訴訟或仲裁案件等。

資產評估公司的職責是清產核資、帳目調整，採取不同的資產評估方法對資產加以評估。資產評估要求根據相關的法定標準，運用恰當的評估方法，對評估的對象進行確認，並出具具有權威性的報告，簡而言之，即將資產價值量化。

上市輔導的主要內容

企業在境外上市的過程中，仲介輔導機構與企業可以協商確定不同階段的輔導重點和實施手段。輔導前期的重點在於全面徹查，形成全面、具體的輔導方案；輔導中期的重點在於集中學習和培訓，診斷問題並加以解決；輔導後期的重點在於完成輔導計畫，進行考核評估，做好 IPO 申請文件的準備工作。

企業境外上市輔導的內容，一般由仲介輔導機構在盡職調查的基礎上，根據發行上市相關法律、法規和規則以及上市公司的必備知識，針對企業的具體情況和實際需求來確定。仲介輔導機構在具體的輔導上市過程中要對企業是否達到發行上市條件進行綜合評估、診斷並解決問題。同時，仲介輔導機構還要協助企業開展 IPO 的準備工作。

仲介輔導機構除了要督促企業實現獨立運作，做到業務、

資產、人員、財務、機構獨立完整，主營業務突出，形成核心競爭力外，還要督促企業按照有關規定初步建立符合現代企業制度要求的公司治理結構、規範運作，完善內部決策和控制制度以及激勵約束機制，健全公司財務會計制度等。

不僅如此，仲介輔導機構還有義務組織公司高層管理人員，參加有關發行上市的法律法規、上市公司規範運作等方面的學習、培訓和考試，督促其增強法制觀念和誠信意識，並且要幫助企業核查企業可能出現的一些法律問題，比如說，核查企業產權關係是否明晰，公司設立、改制重組、股權設置和轉讓、增資擴股、資產評估、資本驗證等方面是否合法，是否妥善處置了商標、專利、土地、房屋等資產的法律權屬等問題。

▌ 盡職調查

盡職調查是企業在境外上市過程中，仲介輔導機構對企業全面深入瞭解的最重要的一項工作。盡職調查是指仲介輔導機構在企業的配合下，對企業的歷史資料和檔案資料、管理人員的背景、市場風險、管理風險、技術風險和資金風險做全面深入的審核。

盡職調查是投資人或仲介輔導機構對企業全面準確瞭解的前提，仲介輔導機構只有對企業有了更深入的瞭解之後，

才能為企業出謀畫策，幫助企業解決問題；投資人透過盡職調查，瞭解企業後，才能做出更準確的投資判斷。

如果僅僅從合規角度做盡職調查，那只是盡職調查比較基礎的層面。盡職調查的意義並不是為了做交易需要有的一個盡職調查報告，盡職調查報告也並非僅僅是為了監管部門的需求。實際上，好顧問做出的盡職調查，其實是要對企業在境外上市過程的決策中產生實質性影響。

為什麼要做盡職調查

企業在境外上市之前，之所以要做盡職調查，其根本原因在於資訊不對稱。企業與仲介輔導機構站在不同的角度分析企業的內在價值，往往會出現偏差。仲介輔導機構對企業的情況只有透過詳盡的、專業的調查才能摸清楚。盡職調查可以發現項目或企業的內在價值，客觀地對企業價值做出判斷，可以判明潛在的致命缺陷及對預期投資的可能影響。

從投資者角度講，盡職調查是風險管理的第一步。因為任何項目都存在著各種各樣的風險，比如，融資方過去財務帳冊的準確性；投資之後，公司的主要員工、供應商和顧客是否會繼續留下來；相關資產是否具有融資方賦予的相應價值；是否存在任何可能導致融資方營運或財務運作出現問題的因素。

不僅如此，透過盡職調查還可以為投資方案設計做準備。

融資方通常會對企業各項風險因素有很清楚的瞭解，而投資者則沒有。因而，投資者有必要透過實施盡職調查來補救雙方在資訊獲知上的不平衡。一旦透過盡職調查明確了存在哪些風險和法律問題，買賣雙方便可以就相關風險和義務應由哪方承擔進行談判，同時投資者也可以決定在何種條件下繼續進行投資活動。事實上，最理想的情況是，在盡職調查階段開始就計畫和設計後面怎麼去營運的一些內容。這樣就可以在與對方交易談判的這個階段，提出計畫和設計。

這裡需要特別提醒中小企業的是，盡職調查的整個工作流程相對比較複雜，在盡職調查過程中，需要注意：專業人員專案立項後加入工作小組實施盡職調查，擬訂的計畫需要建立在充分瞭解投資目的和目標企業組織架構基礎上，同時，盡職調查報告必須通過覆核程序後方能提交。

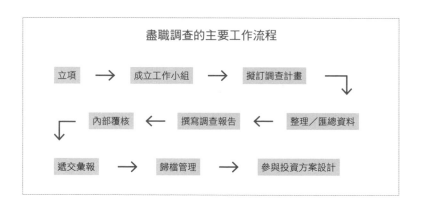

盡職調查的主要工作流程

立項 → 成立工作小組 → 擬訂調查計畫

內部覆核 ← 撰寫調查報告 ← 整理／匯總資料

遞交彙報 → 歸檔管理 → 參與投資方案設計

盡職調查的範圍及內容

盡職調查的範圍非常廣泛，調查對象的規模亦千差萬別，其中包括對公司基本情況、管理人員、業務與技術情況、同業競爭與關聯交易調查、財務狀況、業務發展目標調查、融資運用分析、風險因素及其他重要事項調查等內容。

盡職調查有許多種類，可以從不同的角度做畫分。但不管從哪種角度做畫分，一般來說，盡職調查報告應包括財務、法律和業務等方面的內容。

盡職調查中的法律調查是律師在中國企業境外上市服務中的一項重要工作，也是境外券商（保薦人）通常要求境內律師出具的法律文件之一。

律師的盡職調查工作主要是對擬上市公司或擬上市公司在境內的權益（合稱「境內公司」）所進行的調查和核查，並對調查及核查的結果進行分析後，做出相應的專業判斷。中國律師在中國企業境外上市服務中的盡職調查不僅可以為境外上市方案及上市前重組併購提供法律諮詢意見，供擬上市公司和境外券商（保薦人）參考。而且，律師透過盡職調查，可以發現擬上市公司或擬上市公司在境內的權益可能存在的法律問題，從而可以及時糾正，以滿足境外證券交易所及證券監管部門的要求。同時，律師所做的法律盡職調查，也是律師出具法律意見書的基礎。

除了法律盡職調查外，在整個盡職調查體系中，財務盡

職調查也是境外上市過程中，盡職調查工作相當重要的一項內容。財務盡職調查主要是由財務專業人員針對目標企業中與投資有關的財務狀況的審閱、分析等調查內容。

由於財務盡職調查與一般審計的目的不同，因此財務盡職調查一般不採用函證、實物盤點、資料複算等財務審計方法，而更多使用趨勢分析、結構分析等分析工具。在調查過程中，財務專業人員一般會透過審閱、訪談、小組內部溝通等方式，對各種管道取得資料的進行分析，發現關鍵及重大財務因素，以及異常及重大問題。

▌制定上市方案

為使公司與仲介輔導機構之間就上市的諸多問題達成一致意見，幫助企業理順上市流程，公司與仲介輔導機構確定輔導關係並進入輔導期間，公司應與仲介輔導機構共同制定股票發行並上市的初步方案。初步方案的制定既是公司內部對上市有關內容溝通的基本依據，也是制定應對上市過程中可能發生的突發事件預案最有效的方法。

中國企業境外上市的程序與在大陸上市程序有所區別，因此，上市之前，制定合理的上市時間表能夠使企業上市運作處於有序的狀態之下。

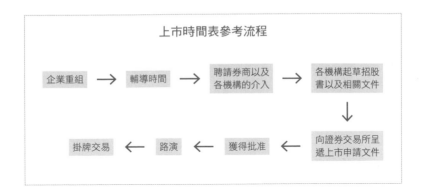

上市時間表參考流程

企業重組 → 輔導時間 → 聘請券商以及各機構的介入 → 各機構起草招股書以及相關文件

↓

掛牌交易 ← 路演 ← 獲得批准 ← 向證券交易所呈遞上市申請文件

確定證券交易所及上市板塊

在本書第二章的內容中，我們已經對世界主要資本市場的情況有了一個總體的介紹。其實，各國資本市場都有其利弊，關鍵是要選擇最適合自己企業的證券交易所和板塊上市。

目前，世界證券市場基本分為主板和創業板兩類，如香港聯交所主板市場和創業板市場，又如美國紐約證券市場和那斯達克市場，澳洲證券交易所和澳洲國家證券交易所。

一般而言，創業板市場是主板市場以外的一個完全獨立的新股票市場，與主板市場具有同等的地位，不是一個低於主板市場或與之配套的市場，在上市條件、交易方式、監管方法和內容上都與主板市場有很大差別。其宗旨是為新興有增長潛力的企業提供一個籌集資金的管道。

有些國家的證券市場，除了主板市場和二級市場外，甚

至還有三板、四板市場。如美國證券市場除主板市場、那斯達克市場之外，還有粉紅單（Pink Sheets）市場和布告欄股票（bulletin board，即OTCBB）市場。

有些國家的證券市場，隨著二級市場發展，其二級市場又形成了多元化結構的證券市場。

大陸中小企業在制定境外上市計畫時，首先必須根據自身情況，選擇擬上市國家的證券市場，並選擇在該證券市場中的何種板塊上市。

確定融資細節

因為中國企業在境外上市方式上的特殊性，往往會出現註冊地與上市地不同的情況。而且企業上市方式上往往都是境外間接方式，借殼、買殼、造殼的情況比較多。因此，在確定上市發行人時，需要注意以下問題。

股票發行人不一定必須是直接控股中國企業的境外母公司，也可以是直接控股中國企業的母公司，甚至更高層次以上之母公司。但不管怎樣，一般要求發行人與下屬子公司直至子公司與中國企業之間關係是完全清晰的，且均是100%控股關係。

故此，中國企業在上市準備過程中，一方面要穩定其與境外直接控股公司之間的關係；另一方面要根據實際情況確定股票發行人。如股票發行人不是直接控股的境外公司，而

是更高一層的母公司，則必須進行境外股權重組。

同時，確定融資目標、股票發行數量、發行價格、主營業務、淨資產、淨利潤、本益比、國家政策等問題是企業上市過程中應當綜合考慮的連鎖問題。

融資目標是企業股票發行並上市的核心問題，但這一融資目標的實現，關係到企業自身因素，又取決於決策者適當考慮各個方面因素，從而準確地確定股票發行數量以及給發行價做出合理的定位。

公司股票發行數量一般是根據股票發行時詢價所產生的發行價和計畫的募集資金量來確定發行股數。一個公司的淨資產是一定的，故此，股票發行數量越多，就意味每股的淨資產越低。

而股票價格和數量，需要經過路演和詢價後，發行人根據市場反應和投資銀行意見確定發行價格和數量。

事實上，股票的合理定價非常重要，一方面關係到上市能否成功；另一方面關係到股票的流通。如果最終價格定得過低，對上市公司不利；如果定得過高，會給包銷增加風險，會使投資者覺得股票價格超過價值，不利於二級市場的運行，影響二級市場的買賣。

價格低落和買賣不活躍都會損害上市公司的形象，降低上市公司再一次增資擴股的能力。

防備預案防風險

　　企業在上市前制定的初步方案中，應該對於企業在上市過程中可能出現的各類風險因素有所考慮，並做出防備預案。其中包括企業資金不足情況下是否需要引入風險投資商、企業自身是否存在法律問題，以及上市審核過程中可能會被關注的相關問題。

　　企業在上市過程中會產生大量的費用問題，而且上市申請是否能被批准也是未知的。對於這些可能的風險因素，企業在運作上市前可以透過引入風險投資商來規避。雖然引入風險投資商需要企業對相當一部分利益（一般是股票）做出割捨。但是引入風險投資商既可以幫助企業解決費用上問題，又可以減少企業的損失。所以，儘管企業吸收風險投資可能要付出很大的代價，但一般中國企業在境外尋求上市過程中，都希望得到風險投資商的青睞，因為風險投資商的介入，可以提供企業在上市前快速擴張所必需的資金，保持公司在上市前一個較高的增長速度，獲得更高的銷售收入和利潤。

　　但需特別提醒中小企業的是，由於風險投資商投入資金的對價就是發行人股票，故此，一旦成功引入風險投資商，則意味企業境外股權架構將發生重組，因為風險投資商透過注入風險投資資金取得了發行人股權，並期望股票上市價位在高位取得回報。

　　另外，企業在營運過程中難免會存在歷史遺留問題，這

些歷史遺留問題，可能在其非法狀態延續一段時間後已經得以糾正，但畢竟已經出現了法律上的瑕疵，這些法律瑕疵的存在使得企業在法律層面上存在被政府相關部門處罰的風險（儘管行政處罰在現實中不大可能發生），對此，特別需要企業在上市申報前做好充分準備，並妥善解決該類潛在的風險。

▌ 上市前的私募融資

大陸中小企業在境外上市之前至少要經歷一次私募融資，但是私募融資對於公司資金上的支持僅僅是一部分功能，對於一家準備在境外上市的企業來說，之所以選擇上市之前的私募融資，更深層次的原因是，私募融資在為企業帶來相對充裕資金的同時，更可以在企業改善公司治理結構、財務透明化和保護中小投資者方面助一臂之力。

而對於一家要上市的企業，資本市場對其的期待，除了業績有很強的增長及發展潛力，也會更注重對企業是否正規化營運、治理結構是否完善等方面的考量。

為何上市前先私募融資

企業快速發展需要更多的資金，上市的主要目的也是為了獲得更充裕的發展資金，但是上市是一個漫長的過程，而

上市前的一輪私募融資可以解決企業發展的暫時資金困難，維持一個較高的發展速度，在上市前達到理想的銷售收入和利潤指標。

事實上，私募融資進入企業時本身就對企業有很高的要求，企業在私募融資時就相當於在按照境外上市標準做了一輪預演。透過私募融資這樣一個過程，企業的管理層知道如何與投資者交流，如何發揮董事會的作用，這樣企業在境外上市時就可以克服準備工作不充分的障礙，很容易獲得上市的資格，上市過程也會更快。

而且，作為私募基金投資企業的目的是在最合適的時機上市退出，對於何時上市他們會比企業更為敏感。私募基金進入企業後，作為企業的股東，他們會推動企業快速擴張，同時他們有儘快推動企業上市以及退出獲利的壓力，所以在上市這一環節他們會更積極。因為這會直接透過企業上市時的價格和估價一年內的波動，來影響他們退出時的價格。從利益和聲譽角度分析，私募基金也會推動企業上市的進程，積極創造企業上市的最佳條件和時機。

不僅如此，中國的企業存在治理結構、財務制度和資訊透明等方面的通病，很難符合上市的要求，透過私募融資可以得到根本改善，這樣在未來上市後就會很輕鬆。

進一步來說，引進那些在資本市場上有很高聲譽的私募股權基金，憑藉他們在企業治理結構方面的豐富經驗，可以幫助企業改善公司治理方面的諸多問題。這在一定程度上也

可以改善境外機構投資者對大陸上市企業財務報表信任度不高的被動局面。

除此之外，透過私募融資還可以使公司的股權結構得到改善，促進公司股權多樣化。同時這些基金在國際資本市場上已經獲得承認，透過引進這些基金，可以在企業未來上市時獲得較高的股價。

境外私募融資的特點和步驟

目前，中國企業在境外進行私募融資的基金多數都是大型創投基金，這種創投基金一般是透過信託計畫，由信託公司或金融機構代持並伺機進行股權投資或證券投資，這也是目前國際私募市場上陽光私募的典型形式。

一般來說，境外發行人吸納的風險投資的形式有兩種：一種是發行人在一定期限內贖回創投資金，但創投公司一般會要求發行人以其境內權益公司的資產作為擔保；另外一種方式是股票置換的方式，此時發行人發行的股票是否能夠被批准上市還是未知的，所以，一般不大容易被創投公司所接受。

發行人吸引創投基金的過程並非簡單，需要經過非常大的工作量。不僅在融資的前期需要決策者熟悉國際私募基金的類型，熟悉國際創業投資的基本方式，以及熟悉國際創業投資商對產業的偏好，還要熟悉投資商對一個投資項目的詳細評審過程，要學會從創業投資商的角度來客觀地分析本企

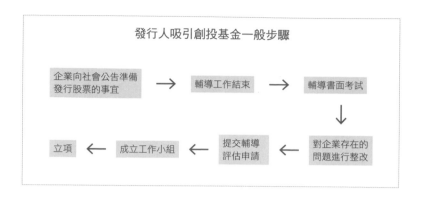

發行人吸引創投基金一般步驟

企業向社會公告準備發行股票的事宜 → 輔導工作結束 → 輔導書面考試 ↓

立項 ← 成立工作小組 ← 提交輔導評估申請 ← 對企業存在的問題進行整改

業。為了順利完成以上工作，發行人最好能夠聘請富有經驗的顧問。因為私募融資的過程專業化要求很高，僅僅靠企業自己的管理層以及財務人員難以勝任該項工作。而且，私募融資過程中需要的財務技術往往與企業日常的財務技術有所不同。有經驗的財務顧問可以給企業全方位、專業化的幫助，包括財務顧問、稅務籌畫、投資方的推薦等。

在以上兩項重要工作完成後，發行人就要開始為編寫商業計畫書做準備了。商業計畫書是表現企業發展潛力和創業者自身素質的絕好機會。它既是企業管理的依據，又是融資的工具。投資家在初次閱讀一份商業計畫時，往往會對該企業的管理者進行評估，從而預測投資回報。對於希望進行私募融資的企業來講，一份好的商業計畫書是至關重要的。

為撰寫一份好的商業計畫書，企業要充分地發現和挖掘企業自身價值。充分向創業投資商展示企業自身價值，是吸

引創業投資的關鍵，因此，發行人應注意收集企業技術資料，對市場進行詳細調查，組合優秀的管理團隊，認真分析從產品到市場、從人員到管理、從現金流到財務狀況、從無形資產到有形資產等方面的優勢和劣勢。對於優勢部分要千方百計地加以突出，對於劣勢部分應及時創造條件予以彌補或糾正。

一份完美的商業計畫書呈現以後，接下來的工作就是去尋找、接觸並向創業投資商推銷公司。

可以是透過參加會議或是直接上門等方式，但最有效的方式還是要透過有影響的熟人推薦。因為這種推薦會使投資者與創業企業家迅速建立信用關係，消除很多不必要的猜疑、顧慮，特別是道德風險方面的擔憂。

在向創業投資商做公司推薦方面，公司要認真做好第一次見面的準備，以及過後鍥而不捨的追蹤，向創業投資商遞交商業計畫書，並根據創業投資商的要求修改商業計畫書的內容。在與創業投資商的一次次接觸之後，如果投資者對該專案產生了興趣，會準備做進一步的考察。同時，投資者將與創業企業簽署一份投資意向書，並對創業企業進行價值評估與盡職調查。這個過程也是創業投資商與企業之間消除資訊不對等的問題，建立對企業合理價值評估的關鍵階段。

創業投資商經過盡職調查後，認為值得對創業者進行投資，雙方即開始就投資金額、投資方式、投資回報如何實現、投資後的管理和權益保證等問題進行細緻磋商。如果能達成一致意見，雙方就會簽訂正式的投資協議。

6

境外發行股票
並上市的基本方式

・境外直接上市
・境外間接上市──造殼上市
・境外間接上市──買殼上市
・境外間接上市──借殼上市

選擇境外上市融資，有直接上市和間接上市兩種途徑。條件成熟的企業會選擇直接上市，但對於相當多的中國企業而言，直接境外上市的條件尚不夠成熟，且直接境外上市成本昂貴，上市所需時間通常在一年以上，而上市成功與否受到外在因素影響較多，風險較大。因此，反向兼併間接上市成了中國企業境外融資的最快、最直接的途徑。

▌境外直接上市

　　境外直接上市，即直接以大陸公司的名義向國外證券主管部門申請發行登記註冊，並發行股票（或其他衍生金融工具），向當地證券交易所申請掛牌上市交易。

　　1993 年 7 月 15 日青島啤酒在香港聯交所的成功上市，正式拉開了中國企業境外直接上市的序幕。十幾年來，不僅有包括交通銀行、中國石化、中國人壽、中國鋁業等大型國有企業紛紛在境外直接上市，也有少數中小型民營企業，如山東墨龍機械、濱州魏橋紡織等中小型企業在境外直接上市。

　　該種方式程序複雜，成本較高，因為需經過境內、境外

證券監督管理部門的審批，所聘請的仲介輔導機構也較多，花費的時間較長。且根據大陸現有法律法規的相關規定，企業各方面條件要達到境外直接上市的標準非常困難。

直接上市優劣勢分析

境外直接上市都是採用 IPO 進行。其具體的操作是企業透過一家股票包銷商以特定價格在一級市場承銷其一定數量的股票，此後，該股票可以在二級市場或店頭市場買賣。境外直接上市的方式是中國境內的股份有限公司直接到境外發行股票並在當地的證券交易所掛牌上市的一種方式。

而實際上，真正能夠以 IPO 方式直接在境外上市的中國企業是非常少的，尤其是對於中小企業而言，更是少之又少。為什麼這麼說呢？這是因為，境外直接上市的具體操作程序非常複雜，要聘請很多仲介或服務機構，需要經過境內、境外監管機構審批，而且，在主流股票市場進行 IPO 還要經過嚴格的財務審計，時間和貨幣成本都很高。同時，作為擬上市企業，也必須要面對境外直接上市方法帶來的困難。由於境內與境外法律的不同，會計準則的不同，對公司的管理、股票發行和交易的要求也不盡相同。進行境外直接上市的公司需透過與仲介輔導機構密切配合，探討出能符合境內、境外法規及交易所要求的上市方案，要經過相當長一段時間的準備工作，方能修成正果。

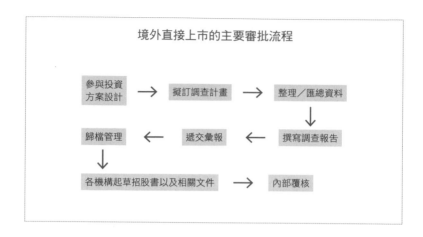

境外直接上市的主要審批流程

參與投資方案設計 → 擬訂調查計畫 → 整理／匯總資料

歸檔管理 ← 遞交彙報 ← 撰寫調查報告

各機構起草招股書以及相關文件 → 內部覆核

但是透過 IPO 直接上市，也有非常突出的優勢，不但可以使公司股票達到盡可能高的價位，而且股票發行的範圍更廣，同時該上市公司也可因此獲得較大的聲譽。很多實力較強的穩健型企業，多會以此方式作為其境外上市之首選。從公司長遠的發展來看，境外直接上市應該是中國企業境外上市的主要方式。

直接上市為什麼不適合中小企業

大陸中小型民營企業要想在境外上市，走直接上市的這條路，一般是很難行得通的。為什麼這麼說呢？首先，對大陸中小企業來說，要在境外上市的門檻過高，境外直接上市

對企業資產和利潤都有嚴格的規定。1999 年 7 月 14 日，中國證監會頒布了《關於企業申請境外上市有關問題的通知》。該文件規定了中國企業境外直接上市需要滿足「四五六條件」，即淨資產不少於 4 億元人民幣，過去一年稅後利潤不少於 6 千萬元人民幣，籌資額不少於 5 千萬美元。

這樣的條件對大多數企業，尤其是中小型民營企業來說，幾乎是不可能達到的。於是，更多需要透過境外上市募集資金的大陸中小企業只有「繞道走」，以紅籌的方式（造殼上市）間接在境外上市。

企業在境外直接上市的審批程序也是相當複雜的。中國企業要想實現境外直接上市，按照《關於企業申請境外上市有關問題的通知》的規定，首先需要得到企業所在地省級人民政府同意公司境外上市的批文，然後需要再向境外證券監管機構或交易所提出發行上市正式申請以前取得證監會的批文，最後還需要取得境外證券監管機構或交易所同意發行上市的批文，如此複雜的審批程序不是每個中小民營企業都能夠堅持走完的，因為這樣的過程需要大量的人力、財力的支撐。

不僅如此，境外直接上市的公司還要接受雙重的監管。也就是說，不僅要受到上市地證券監督管理機構和交易所的監管，而且還要受到中國證監會的監管。比如一個境外直接上市的公司想收購一個境外公司，收購的對價為現金加股票的方式，按照目前中國相關法律法規的規定，該公司需要取得外經貿主管部門關於中國企業境外投資的批文、中國證監

會同意該公司增發股票的批文、外商投資企業增加註冊資本的批文等，等到公司拿到這些批文之後，被收購的公司可能早已落入他人之手。比如說，聯想收購 IBM 全球 PC 業務時，實際交易價格為 17.5 億美元，其中含 6.5 億美元現金、6 億美元的股票以及 5 億美元的債務。聯想是以北京聯想電腦新技術發展公司控股的香港聯想控股有限公司作為上市主體，在香港以紅籌方式上市的，試想如果聯想當年選擇了境外直接上市的道路，那麼，能否順利收購 IBM 全球 PC 業務就很難說了。正是因為上述原因，絕大多數境外上市的民營中小企業選擇了紅籌方式境外間接上市。

間接上市主要有兩種方式：造殼上市和買殼上市。其本質都是透過將大陸資產或股權注入上市殼公司的方式，達到境內資產在境外上市的目的。其中紅籌方式是現今境內中小企業，甚至部分大型企業採用最多的一種境外上市方式。它是指由境內公司在境外註冊離岸公司，以離岸公司的名義申請在境外上市；或者透過離岸公司在擬上市地再註冊一家公司，然後以該公司的名義申請上市的方式。買殼上市（又名後門上市）是指利用已上市的殼資源，使一家公司的股權或資產業務快捷上市。

間接上市相對直接上市的好處在於成本低、花費時間短，可以避開大陸複雜的審批程序，需要妥善處理的就是向中國證監會報材料備案，殼公司對大陸公司返程投資的方式及比例等問題。

▎境外間接上市──造殼上市

由於境外直接上市嚴格的規定，以及直接上市複雜的程序，較高的貨幣、人力和時間成本，法人股不能流通等諸多因素，很多企業，尤其是中小型民營企業多數會透過在境外註冊公司，境外公司以收購、股權置換等方式取得境內資產的控股權，然後將境外公司拿到境外交易所上市的間接方式實現境外上市。

間接方式在境外上市的主要特點就是都需要境外的「殼」公司，其本質都是透過將境內資產及業務注入殼公司的方式，達到境內資產境外上市的目的。不同的是可以自己造殼以IPO的方式在境外上市，也可以透過借殼或買殼的方式實現上市，以下就造殼、借殼和買殼上市的方式分別予以說明。

造殼上市特徵

所謂造殼上市，即中國企業或其股東在境外證券交易所所在地或允許的國家與地區，如英屬維京群島（BVI）、開曼群島、巴哈馬群島、百慕達群島等地，以獨資或合資的方式重新註冊一家離岸公司，然後以現金收購或股份置換的方式取得境內公司資產的控制權，再在境外以IPO的方式掛牌上市。

境外造殼IPO的重要特點在於，發行人首次發售股票且

```
境內企業造殼上市的程序


輔導時間   →   聘請券商以及   →   企業重組
                各機構的介入
```

所發行的股票首次經擬上市的證券交易所批准在證券交易所
掛牌交易。相較於借殼上市而言，IPO 上市與借殼上市的重
大區別在於前者是發行人首次向證券交易所申請並被允許股
票上市交易，而後者是被借殼的公司已經向證券交易所申請
並被允許股票上市交易，透過重新注入新的業務和資產，重
新向證券交易所申請增發股票並上市。

　　中國企業境外造殼上市與再融資發行新股，有著很大的
區別。重點在於，相較新股發行上市而言，境外造殼 IPO 上
市為首次發行股票並上市，而新股發行上市是指繼首次公開
發行股票並上市後，再融資而進行的發行新股並上市。

造殼上市的方式

　　中國企業境外造殼上市主要有四種方式：控股上市、合
資上市、分拆上市、附屬上市。

控股上市。控股上市一般指大陸企業在境外註冊一家公司，然後由該公司建立對大陸企業的控股關係，再以該境外控股公司的名義在境外申請上市，最後達到大陸企業在境外間接掛牌上市的目的，這種方式又可稱為反向收購上市。透過控股上市的方式在境外間接掛牌的一個典型例子，是廣西玉柴實業股份有限公司在紐約上市。

　　合資上市。合資上市一般適用於大陸的中外合資企業，在這類企業的境外上市的實踐中，一般是由合資的外方在境外的控股公司申請上市。易初中國摩托車有限公司（簡稱易初中國）在美國上市即是這種模式的一個代表。

　　分拆上市。分拆上市一般指從現有的境外公司中分拆出一子公司，然後注入大陸資產分拆上市，由於可利用原母公司的聲譽和實力，因而有利於成功上市發行。大陸富益工程在境外的間接上市，就是利用這種模式上市的一個典型例子。

　　附屬上市。附屬上市是指大陸欲上市企業在境外註冊一家附屬機構，使大陸企業與之形成母子關係，然後將境內資產、業務或分支機構注入境外附屬機構，再由該附屬公司申請境外掛牌上市。大陸的民辦大型高科技企業四通集團，即是採用附屬上市的方式達到在香港聯交所間接掛牌的目的的。

造殼上市優劣勢分析

　　中國企業開展境外造殼上市融資具有許多益處。首先，

與買殼上市相比，造殼上市的風險和成本相對較低。其次，可以獲得較為廣泛的股東基礎，對殼公司的生產經營和市場開拓都有益處，且有利於提高殼公司的知名度。再次，大陸企業在境外註冊的控股公司受國外有關法規管轄，這可在大陸目前會計、審計和法律制度尚未與國際社會接軌的情況下，獲得境外證券市場的法律認可，從而實現引進外資的目的。

但同時，造殼上市也存在一些缺陷，主要有兩方面：一是大陸企業首先必須拿出一筆外匯或其他資產到境外註冊設立公司，這對目前資金短缺的大多數企業來說是很難做到的；二是從境外設立控股公司到最終發行股票上市要經歷數年時間。

一般而言，境外證券管理部門不會批准一家新設立的公司發行股票並上市，往往要求公司具有一定時間的營業紀錄才可發行股票和上市。

▌境外間接上市——買殼上市

雖然很多企業都可以自己在境外造一個殼公司以實現上市，但是卻使企業不得不面對高昂的費用、複雜的程序和相對較長的時間等問題。而且即便如此，面對各級證券市場的進入門檻（對企業資產、利潤、股東人數等的最低要求）和對企業在法律、財務上的嚴格審查，企業很難保證百分之百

上市。

　　大陸許多的中小型民營企業存在著這樣或那樣的問題，或者是其自身資產、利潤等情況沒有達到目標證券市場的基本要求，或者是其法律、財務管理不夠規範，或者是無法承受 IPO 的費用。而這些企業，都有快速上市融資的強烈願望，因此，它們往往會選擇一種相對簡單快捷的操作方法──買殼上市。

買殼上市特徵

　　境外買殼上市是指非上市公司按照國家法規和股票上市交易的規則，透過協定方式或二級市場收購方式收購上市公司並取得其控股權。然後對該上市公司的人員、資產、業務等進行重組，向上市公司注入自己的優質資產與業務，而間接實現在境外上市的一種方式。具體而言，殼公司是指公眾持有的現已基本停止營運的上市公司。這些上市公司目前的業績表現並不盡如人意，喪失了在證券市場中進一步籌集資金的能力，股票流通性差，甚至沒有實質資產，但由於其具有上市資格，發行新股並上市交易所需要的審批程序相對簡單，因此買殼上市成為中國企業境外上市可供選擇的方案之一。

　　境外買殼上市作為境外間接上市的一種重要方式，是一種以上市公司為目標公司的企業收購行為。與一般的企業收

購不同，其目標公司必須是股份有限公司。該公司股票經證券管理部門批准並在證券交易所上市交易。

買殼方應當是具有優良資產並從事「朝陽」行業實行股份制經營的企業，但由於政策上的限制，短期內很難獲得股票發行與上市額度，只有透過買殼將優良資產、高增長的經營業務向殼公司注入，來顯著改善上市公司的經營業績，以便日後配股集資。

同時，買殼上市是收購上市公司並取得控股權的行為。擬上市公司需至少購入殼公司 35% 或以上的股份，或低於 35% 但能給予收購人上市公司管理權的股份比例，從而取得該上市公司的控股權。

買殼上市優劣勢分析

相對於境外造殼上市，買殼上市具有審批手續簡單的特點。與造殼上市相比較，因為殼公司自身已有上市資格，所以買殼上市的審批程序相對簡化。而且，針對買殼上市的操作，全球各主要金融中心的證券監管機構和證券交易所對新注入的財務審計的要求都比較簡單。此外，上市時間大為縮短。買殼上市中，如果操作順利就可以實現境外上市一步到位，會節省很多法律和財務方面的時間。同時，某些企業採用新股上市不易被市場看好，但是企業本身有充裕的資本準備的，選擇買殼上市會具有更大的優勢。

雖然境外買殼上市具有以上優勢，但我們也不能忽視其劣勢。殼公司本身可能面臨法律風險。由於營運不佳，大多數殼公司背負著債務甚至是巨額債務，它們有可能已經面臨訴訟或者很可能在將來面臨訴訟。買殼的成本一般比較高。對於擬在境外買殼上市的公司來說，其初衷是為了解決企業在資金上的短缺，但是由於供需矛盾，殼公司的股票價格可能一路走高，從而導致買殼上市的過程中需要付出更多購買殼公司股票的本金。

　　而且，某些國家的監管機構已經加強買殼上市的審核。由於買殼上市的方式被越來越多地採用，一些國家為保證上市公司品質紛紛加強買殼上市的審核力度，使得買殼上市與造殼上市所花費的時間差距不斷縮小。因此，在選擇買殼上市時應當注重瞭解擬上市國法律對買殼上市審批程序的相關

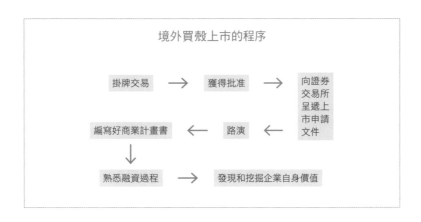

境外買殼上市的程序

掛牌交易　→　獲得批准　→　向證券交易所呈遞上市申請文件

編寫好商業計畫書　←　路演　←

↓

熟悉融資過程　→　發現和挖掘企業自身價值

規定，並與造殼上市所花費的時間與金錢進行比較分析後做出理性決策。

買殼上市理論上成功率很高

企業決策層在決定買殼上市之前，應根據自身的具體情況和條件，全面考慮，權衡利弊，從戰略制定到實施都應有周密的計畫與充分的準備。首先要充分調查，準確判斷目標企業的真實價值，在收購前一定要從多方面、多角度瞭解殼公司；其次要充分重視傳統體制造成的國有公司特殊的債務及表面事項，考慮在收購後企業進行重組的難度，充分重視上市公司原有的內部管理制度和管理架構，評估收購後擬採取什麼樣的方式整合管理制度，以及管理架構可能遇到的阻力和推行成本；最後還要充分考慮買殼方與殼公司的企業文化衝突及其影響程度，考慮選殼、買殼及買殼上市後存在的風險，包括殼公司對債務的有意隱瞞、政府的干預、仲介輔導機構選擇失誤、殼公司設置障礙、融資的高成本及資產重組中的風險等。

同時，在買殼上市中需要特別注意掏空行為。在買殼上市中的掏空行為的典型方式：先以淨資產定價法買入國有股或法人股，然後再利用大股東或控股股東在決策上的優勢地位將資產以本益比定價法賣給上市公司，從而獲取巨大的利益。

事實上，買殼上市理論上幾乎是百分之百可以成功的。

買殼上市也被稱為反向收購（Reverse Merger），通常的操作是由一家非上市公司（買殼公司）透過收購一些業績較差、籌資能力已經相對弱化的上市公司（殼公司）來取得上市的地方，然後透過「反向收購」的方式注入自己有關業務及資產，實現在境外間接上市的目的。因為是收購已經上市的公司，因此，理論上買殼企業的上市幾乎是百分之百可以成功的。買殼上市已經發展成為中國企業境外上市的重要方式之一。

但是，反向收購成功是需要一定的條件的，這個條件就是企業要具有吸引力，或者說企業要具備成長性。具體來講，對傳統產業的增長率要達到 20% 以上，非傳統產業要達到 30% 以上。同時，企業要有 1 百萬美元以上的稅後利潤。此外，一個高品質的管理團隊以及一個能說流利英語的 CFO 都是必不可少。

要購買理想的殼公司，購買者應透過投資銀行等仲介輔導機構介紹，該類機構一般都有一些殼公司名錄和資料，且對殼公司的情況比較瞭解，購買者可以向該類機構進行諮詢。

在聽取仲介輔導機構推薦後，倘若購買者決定購買所推薦的殼公司，則購買方應與該仲介輔導機構簽訂服務合同，服務合同中應注意約定仲介輔導機構對其所提供的殼公司應盡的盡職調查的義務，以保證購買方所購買的殼公司不存在法律風險，或者該類法律風險已為購買方所明知，且購買方已經做好充分準備排除該類法律風險。

這裡特別提醒企業在購買殼公司時，選擇一個理想的殼公司應該具備以下一些特點，其中包括：股價不高、規模不大，這樣可以把購殼費用降到最低；原股東人數適當，公眾股東太少，不值得公開交易，而人數太多，新公司和這些人的聯繫費用都會是很大一筆支出；最好沒有負債，即便有，也一定不能高；業務與擬買殼企業的主營上市業務接近，結構相對簡單；不應涉及任何既有、現有法律訴訟；不應有任何經營、法律、財務上的歷史污點。

▎境外間接上市——借殼上市

借殼上市就是將上市的公司透過收購、資產置換等方式取得已上市的 ST 公司的控股權，這家公司就可以以上市公司增發股票的方式進行融資，從而實現上市的目的。更進一步來說，借殼上市是指未上市公司的母公司透過將主要資產注入上市公司的子公司中，來實現母公司的上市。

因為借殼上市一般都涉及大宗的關聯交易，為了保護中小投資者的利益，這些關聯交易的資訊皆需要根據有關的監管要求，充分、準確、及時地予以公開披露。

借殼上市特徵

與一般企業相比，上市公司最大的優勢是能在證券市場上大規模籌集資金，以此促進公司規模的快速增長。因此，上市公司的上市資格已成為一種稀有資源，所謂「殼」就是指上市公司的上市資格。由於有些上市公司機制轉換不徹底，不善於經營管理，其業績表現不盡如人意，喪失了在證券市場進一步籌集資金的能力，要充分利用上市公司的殼資源，就必須對其進行資產重組。

2014 年度最大借殼案例是信威通信借殼中創信測完成實施。上市公司發行約 26.14 億股向特定對象購買北京信威通信技術股份有限公司 96.53% 的股權，發行價 8.6 元 / 股，共計 224.87 億元。上市公司同時進行了配套融資發行約 1.7 億股，發行價 19.10 元，共計 32.57 億元，屬於競價發行，鎖定期為 12 個月。多家保險公司、基金公司等參與了配套融資認購。

買殼上市和借殼上市都是充分利用上市資源的兩種資產重組形式。境外借殼上市與買殼上市的共同之處在於，它們都是一種對上市公司「殼」資源進行重新配置的活動，都是為了實現間接上市。它們的不同點在於，買殼上市的企業首先需要獲得對一家上市公司的控制權，而借殼上市的企業已經擁有了對上市公司的控制權。

但在具體的操作手法上，借殼與買殼還是有明顯的區別。

借殼上市的一般都會分三步來操作：第一步，集團公司先剝離部分優質資產單獨上市；第二步，透過上市公司大比例的配股籌集資金，將集團公司的重點專案注入上市公司中；第三步，再透過配股將集團公司的非重點專案注入進上市公司，實現借殼上市。而買殼上市則可分為「從買殼到借殼」這兩步，即先收購控股一家上市公司，然後利用這家上市公司，將買殼者的其他資產透過配股、收購等機會注入進去。需要注意的是，買殼上市和借殼上市的公司一般都涉及大宗的關聯交易，這時為了保護中小投資者的利益，這些關聯交易的資訊一般都需要根據有關的監管要求，予以公開披露。

謹慎選擇殼公司

作為境外間接上市的兩個重要方式中的買殼上市與借殼上市，從具體操作的角度看兩者有一個共同點：當非上市公司準備進行買殼或借殼上市時，首先碰到的問題便是如何挑選理想的殼公司。

在有關「殼公司」的選擇上，有些問題需要認真把握。

首先，殼公司必須「沒問題」，公司可以沒有資產，沒有業務，但不能有債務與法律訴訟，也不能有違反證券法的問題。殼公司是否符合當地監管法令的規定，有無被監管機關處罰過也是重要指標之一。要保證殼公司「沒問題」，必須經過詳細的實地審核。審核通常分為業務審核、財務審核

及法律審核，目的在於確保殼公司在業務方面、財務方面及法律方面符合原先的期望，避免借殼後才發現漏洞卻為時已晚的情況。業務方面的審查可由公司自己進行，但財務及法律方面的審查則通常由熟悉殼公司當地財務及法律法規的專家協助。

其次，殼公司的上市資格也必須保持完整，包括根據證監會的要求，按時申報財務與業務情況，還要判斷借殼後的股權比例。理想的殼公司股權幾乎是100％能取得的，而要做到這點通常必須是殼公司的股權結構集中。例如一個殼公司的股份是僅有少數幾戶大股東所持有，便是較理想的標的。但在實際操作過程中，並不能輕易地做到這一點。所以，借殼後所取得的股權比例越高越好。因此如何合理計算雙方價值，以談判出最佳換股比例，降低稀釋程度，是借殼談判中的重點和相對困難的工作。事實上，借殼上市的股權稀釋在所難免，然而經營權的稀釋則應盡可能避免，在公司的人事方面，凡董事席位及高級經理人仍應全數掌控在自己手中。

最後，借殼上市過程中要控制好成本。借殼上市的總成本包含應支付的專業費用、稀釋的股權成本、募集資金的傭金以及殼公司目前的交易市場及交易紀錄等。時間成本也應該被納入重要的考量範圍內。借殼上市的目的在於達到快速上市的目的，若借殼公司的交易市場並非公司最終想要上市的地方，則必須分析由目前的交易市場轉到欲上市的市場條件，以及所需時間，若條件嚴苛或時間過長，也不是理想的

殼公司。

　　除了以上提到的幾個方面外，殼公司過去的交易紀錄也應該是考量的因素之一。如果殼公司過去的交易紀錄不多或者交易紀錄情況不佳，則說明這家公司的形象可能有問題，公關做得不好。雖然借殼後可能改善局面，但通常都需一段時間的努力。還有，殼公司儘量要有足夠的「大眾股份」和「大眾股東（殼公司最初上市時購買發行股票的股東）」。這一點算是錦上添花的因素，能使合併後交易變得更加活躍。

　　需要特別提醒的是，借殼過程中要謹慎選擇仲介券商。由於一般中小企業並沒有門路接觸海外掛牌的殼公司，必須借助外力尋找，這時候中介殼公司的券商就發揮作用了。但券商的品質差異很大，有些甚至和地下盤商勾結來炒作未上市公司股價，因此，在選擇仲介券商時必須仔細瞭解其背景及紀錄。

CHAPTER

7

境外上市申報

- ·上市報批的申請程序
- ·成立上市專案組啟動上市程序
- ·起草招股說明書
- ·呈遞上市申請文件
- ·上市申報的審批標準

境外上市申報在整個上市過程中就好比是「箭在弦上」，就等「蓄勢待發」的那一刻。瞭解上市申報程序，選擇適合的仲介輔導機構，在合適時機啟動上市程序，撰寫一份具有吸引力的招股說明書等這些工作，都是環環相扣的。唯有準備充分，才能確保境外上市申報取得滿意的結果。

▌ 上市報批的申請程序

　　上市報批是整個上市過程中關鍵性的一步，企業要想順利透過上市報批的申請，需要首先瞭解上市報批過程中關鍵的機構及部門，以及他們有可能會在上市報批中審查的主要內容。事實上，有時候在上市報批前有一些工作是可以與審查機構提前溝通的，甚至是可以召開專門會議討論的。比如說，申請預備會議。企業方面一定要抓住這些機會，為上市報批順利通過做好必要的準備。

　　境外各國的上市報批流程雖有一定差異，但大體的流程和方式是一樣的。這裡主要以企業在澳洲證券交易所上市申請報批的為例，來說明上市報批的申請程序及其過程中需要

特別注意的事項。

　　作為初次申請上市的企業，為完善招股說明書內容，可以選擇與澳洲證券委員會（ASIC）和澳洲證券交易所（ASX）有關人員召開見面會。透過見面會，企業可以得到諸多具體指導：幫助企業完善有關文件；諮詢如何處理法律及會計問題；就已有的不十分明確的法規向 ASIC 和 ASX 人員諮詢；搞清某些可能會對註冊申請產生影響的具體事項，以避免申請報告遞交後不必要的等待；就有關特殊問題做出有限度的問答。

　　在申請預備會議之前，申請企業與有關仲介，如承銷商、律師等，應準備好問題及有關材料，以便在會上與 ASIC 人士探討。

　　當企業進入正式申請這一環節時，企業按規定遞交註冊登記證明書後，ASX 會有一個專門的小組來處理，其人員包括律師、會計師、分析師及行業專家。他們會對註冊登記說明書與 ASIC 的要求是否相符進行確認，並對裡面的所有資訊作徹底的檢查和證實。

　　同時，根據有關規定，註冊登記自遞交之日 30 天後自動生效，但也有 30 天生效期自動延長的條款。正常情況下，ASX 對公司提交的註冊登記說明進行審查後，會發出一封意見信，申請登記人一般會在首次遞交報告後兩個星期收到 ASX 的第一封意見信。

　　意見信主要表明 ASIC 成員認為企業該如何修改招股書，

使其更完善、更準確。該意見信的內容主要包括企業目前情況、業務、產品及服務如何；關於新產品的所有資訊都已披露，包括開發、生產、行銷及配售滿意程度；管理層人員的背景和經歷是否有虛假成分或者沒有全面披露；所有的關聯交易是否全部披露；要求對財務報表披露進行解釋並加入風險因素提示；管理層對業務的分析和論述是否充分等。

一般情況下，申請企業應根據 ASX 的意見信修改自己的註冊登記書。通常 ASX 的意見信中可能會提到的有關註冊登記書的修改形式有以下幾種形式，其中包括延遲修改報告，要求延長 30 天的註冊登記失效期，以避免註冊登記失效；實質修正報告，彌補註冊登記說明書中的一些缺陷；價格修正報告，對發行價和最終的發行數進行確認。

ASIC 還會對申請企業遞交的註冊登記說明書進行覆核，覆核的目的是證明申請企業的資訊披露是否恰當，一般以信件或電話表述自己的觀點。

通常 ASIC 的覆核方式大致可以概括為以下幾種方式：延遲覆核，如果 ASIC 認為申請報告完全沒有可看之處，會發一封拒絕信，建議申請人撤回註冊登記，否則會發出中止命令；粗略覆核，若 ASIC 認為註冊登記書沒有大的問題，要求公司的仲介輔導機構承擔相應的法律責任；概要覆核，ASIC 成員就有限的問題進行指點；最終覆核，由覆核小組中的各方專家對註冊登記證明書進行全面覆核，再由主管出具一份詳細的意見信。

最後，申請企業都會收到 ASIC 有關通過或中止的命令。如果 ASX 發出要求暫停註冊登記說明書生效的命令，則表明企業不得發行上市，否則違法。如果 ASX 不對經修改後的注冊登記說明書提出任何意見，則表明通過，註冊登記說明書在 30 日內自動生效。

成立上市專案組啟動上市程序

根據上市報批的申請程序及其過程中需要特別注意的事項，大陸中小企業在境外上市過程中應結合企業自身具體情況，事先做好有關企業境外上市的計畫，並做好流程安排工作。

中國企業境外上市流程

具體而言，企業可以按照以下步驟進行操作。首先，要把企業改造為符合《公司法》規定的股份制公司；其次，召集專業人員，包括證券商、律師、會計師、資產評估師、金融界人士、公關宣傳專家等，組成上市籌備團隊，同時開始宣傳工作；再次，審查公司帳目，全面調查企業情況，並開始為企業編寫研究報告。

同時，邀請專業團隊為企業準備上市申請事宜及與上市

中國企業境外上市流程圖

聘請富有經驗的顧問

↓

尋找、接觸並向創業投資商推銷公司

↓

交易談判與協定簽訂

↓

創業投資商對公司進行盡職調查

↓

向證監會遞交股票發行及上市申請

↓

擬定重組股份制改制方案

↓

聘請仲介機構

↓

前期可行性研究

↓

獲得中國證監會對企業境外上市的正式批准，並向境外證券交易所遞交正式申請

↓

獲得證監會同意受理公司境外上市申請的函，並向境外證券交易所遞交正式申請

所在地交易所溝通聯繫，並在適當時候遞交上市申請。如果上市申請通過了上市審查，就要為正式上市做必要的準備，其中包括配售開始後進行路演和推介等工作。

境外上市仲介輔導機構及職責

成立上市專案組啟動上市程序中一個最為重要的部分就是仲介輔導機構的介入。因為中國企業到境外上市是一個頗為複雜的過程，需要有相當多的專業知識。而大多數中國企業對境外上市的各項規則與程序都不熟悉，在境外的客場地位十分明顯，如果沒有專業仲介輔導機構的幫助，是很難實現境外上市的。

境外上市的仲介輔導機構包括保薦人、承銷商、會計師、律師等。這些仲介輔導機構在境外上市過程中，各自所擔當的職責不盡相同。

保薦人是指依照法律規定為上市公司申請上市承擔推薦職責，並為上市公司上市後一段時間的資訊披露行為向投資者承擔擔保責任的證券特許經營公司。保薦人的主要職責有調查職責，也就是對發行人企業的內部、業務狀況、財務狀況、公司管理等進行調查，並承擔公司上市後，對公司運作、募集基金等方面進行監督。同時，保薦人還需要在獨立調查的基礎上，對發行人和其他專業仲介輔導機構提供的材料進行形式和實質的核查，並有義務對保薦機構與仲介輔導機構

意見存在重大差異的問題進行覆核，必要時也可以聘請其他仲介輔導機構提供服務。其次，保薦人的職責還包括主持編制招股說明書，並使其符合主要目標市場的披露要求。此外，保薦人還應對發行人業務運作和財務狀況進行獨立調查，並在對發行人和專業仲介輔導機構提供的材料進行全面核查後，向擬上市國家的證券管理機構或證券交易所提供《證券發行推薦書》，並對此推薦書和發行人的申請文件負重大責任。與此同時，保薦人還應對發行人在資訊披露方面進行督促，並促使上市公司能夠知曉並自覺遵守持續資訊披露義務。而且，在發行人公開發行並成為上市公司後，保薦人的角色還會轉為持續督導者，進一步履行後續工作的輔導、調查、核實等職責。事實上，保薦人職責的根本就是「擔保」，如果保薦人所保薦的上市公司資訊披露存在虛假記載、誤導性陳述或重大遺漏，致使投資者在交易中遭受損失，保薦人應當與發行人、上市公司一起承擔連帶責任。

承銷商是指在股票發行中獨家承銷或牽頭組織承銷團銷售的證券經營機構。承銷商是一個多重的角色。在沒有實施保薦人制度的國家或地區，承銷商既負責股票發行，又是發行人的財務顧問，且往往還是發行人上市的推薦人。如果發行人向全球發行股票，承銷商又是發行人發行股票的全球協調人。此外，其職責還包括：與發行人及其他服務機構商榷股票發行方面的重大事宜，並透過磋商，達成一致意見；籌畫組織召開承銷會議；向認購人交付股票並清算價款；包銷

未能售出的股票；做好發行人的宣傳工作和促進其股票在二級市場的流動性；主承銷商還負責組織承銷團。

會計師在境外上市前期工作中的作用極為重要，發行人必須聘請持有證券資格的會計師從事上市財務工作。其職責包括負責企業財務報表審計，並出具持續年度審計報告；完成業務審計、準備會計師報告；負責企業盈利預測報告審核，並出具盈利預測審核報告；負責企業內部控制簽證，並出具內部控制簽證報告；負責核驗企業的非經常性損益明細項目和金額；出具物業資產評估報告等。

律師在上市過程中的作用是貫穿企業上市整個過程的，從前期準備到上市申報，乃至在上市掛牌後續工作中，律師都發揮著重要作用。而且，由於律師執業時是受到國家或地區地域制約的，所以，發行人與境內權益公司一般會分別聘請境外律師和境內律師。其主要職責包括：為境內外公司重組提供法律意見；對董事、獨立董事、監事進行法律培訓並出具培訓備忘錄；為公司出現的法律問題提供解決方案；協助券商編寫招股說明書，並就有關問題提出法律意見；負責所有董事會及股東大會的紀錄；出具法律意見書；在上市申報過程中回答證券上市審核機構的提問，並出具法律意見書。

除了公司聘請的律師外，券商也會有可能聘請境內外律師，這些律師的職責包括：給券商提供與重組、發行和上市等有關的多方面的法律意見；參與起草招股說明書；起草或協議起草承銷協議；與主承銷商共同辦理在境外發行與上市

的註冊、登記事宜；與公司律師共同解決公司存在的法律問題；審核各仲介輔導機構出具的相關法律文件；向券商出具法律意見書。

簽訂服務協定，召開聯合會議

公司選擇仲介輔導機構後，應與各仲介輔導機構簽訂服務協議。為確保公司在上市過程，仲介輔導機構的穩定性及雙方合作的順利，協定的內容可以參考包含這些內容：委託人與被委託人名稱、地址及法人代表；委託事項；委託費用及支付；委託人與被委託人的權利、義務；保密條款；違約責任；爭議解決以及其他條款。

公司與各仲介輔導機構簽訂服務協定後，應儘快召開中介輔導機構聯合會議。聯合會議一般由保薦人主持，聽取公司管理層介紹公司相關情況，匯總焦點問題進行討論，並應對上市所涉主要事項的工作安排制定進度表。

▌起草招股說明書

招股說明書是供公眾瞭解發起人情況，說明公司股票發行的有關事宜，指導公眾購買公司股票的規範性文件。招股說明書直接影響公眾投資判斷，因此，它在 IPO 申請文件

中居於核心地位，也是證監會審核工作的核心載體，對體現IPO的工作品質起著至關重要的作用。

　　招股說明書是由發起人擬訂，經所有發起人認可同意後提交政府授權部門審批的。招股說明書經政府有關部門批准後，即具有法律效力，公司發行股份以及發起人、社會公眾認購股份的一切行為，除應遵守國家有關規定外，都要遵守招股說明書中的有關規定，違反者要承擔相應的責任。因此，在準備招股說明書時，需要尋求法律顧問和財務顧問的協助。

　　此處以澳洲證券交易所（ASX）對招股說明書的有關規定為例，對招股說明書中需要注意的一般性問題加以說明。

擬定招股說明書

　　各國證券交易所對於企業的招股說明書的要求並不盡相同，而在澳洲，澳洲證券及投資委員會（ASIC）負責對執行招股說明書的法律要求進行監督。ASX要求企業向指定的ASX顧問提交50份硬拷貝及一份軟拷貝。一旦經公司董事會批准，招股說明書就可以提交給ASIC。

　　在提交招股說明書後的7天時間裡，公司不得接受招股說明書所述的股票認購，ASIC可能將這一期限延長至14天，以要求公司對招股說明書做出修改。

　　在大多數情況下，公司上市需要招股說明書或類似的披露文件，如產品披露聲明（PDS）。出具招股說明書的是發

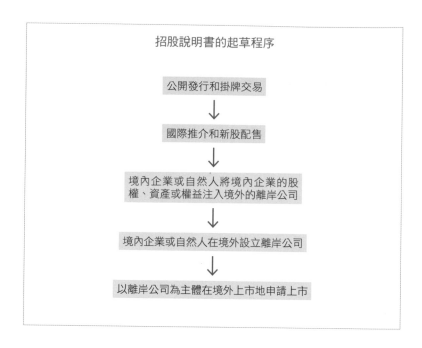

招股說明書的起草程序

公開發行和掛牌交易

↓

國際推介和新股配售

↓

境內企業或自然人將境內企業的股權、資產或權益注入境外的離岸公司

↓

境內企業或自然人在境外設立離岸公司

↓

以離岸公司為主體在境外上市地申請上市

行股票的公司,而出具產品披露聲明的通常是提供金融產品而非股票的管理投資方。

目前,大陸企業在首次公開發行股票並上市的過程中,券商作為主承銷商扮演著最主要的角色,招股說明書的撰寫工作也主要由保薦人負責。

然而在類似澳洲這些西方國家,在證券發行過程中,券商更多是在承銷階段發揮作用,而招股說明書則完全由律師來完成。對西方國家的 IPO 項目的品質,律師的角色更加重要,除發行人律師外,券商往往也會另外聘請律師提供法律

諮詢意見。招股書的撰寫則由發行方或券商的律師完成，各相關機構參與討論，從而有效提高招股書的品質和客觀性。

需要特別提醒的是，作為對招股說明書內容的概括的招股說明書概要，一般應當與招股說明書一併報請證券監管機構審批。

招股說明書概要作為招股說明書附件，應依照法律規定和證券監管機構要求記載法定內容。此外，招股說明書概要屬於引導性閱讀文件。招股說明書內容詳盡，但不便於投資者閱讀和瞭解，為增強招股文件的易解性，盡可能廣泛、迅速地向社會公眾投資者提供和傳達有關股票發行的簡要情況，應以有限數量的文字做出招股說明書概要，簡要地提供招股說明書的主要內容。

根據現行規定，招股說明書概要標題下必須記載下列文字：「本招股說明書概要的目的僅為盡可能廣泛、迅速地向公眾提供有關本次發行的簡要情況。招股說明書全文為本次發售股票的正式法律文件。投資者在做出認購本股的決定之前，應首先仔細閱讀招股說明書全文，並以全文作為投資決定的依據。」同時，招股說明書概要並非發售文件，不得因此誤導投資人。

一般內容與格式

招股說明書需要包含投資者及其顧問所要求和期望的，

能用於對發行中的股票做出理性評估的全部資訊。招股說明書通常提供公司背景、財務狀況和管理結構，讓投資者能夠就是否進行投資做出理性的決定。特別值得注意的是，招股說明書應當遵循重要性原則，按順序披露可能直接或間接對發行人生產經營狀況、財務狀況和持續盈利能力產生重大不利影響的所有因素。同時，對某些具體要求對發行人確實不適用的，發行人可根據實際情況做出適當修改，同時以書面形式報告證監會，並在招股書中予以說明。

招股說明書的具體內容、格式必須按擬上市證券交易所規定編寫和編制。招股說明書應經股票擬上市所在國的證券監管機構或證券交易所批准後方具有法律效力。而世界各地證券交易所對招股說明書的內容和格式都有不同的規定，這裡只對招股書明書一般情況下的格式及內容做說明。

招股說明書的內容包括封面、書背、扉頁、目錄和釋義。在招股說明書全文文本扉頁上載有的內容包括：發行股票類型、發行股數、每股面值、每股發行價格、預計發行日期、擬上市的證券交易所、發行後總股本、本次發行前股東所持股份的流通限制、股東對所持股份自願鎖定的承諾、保薦人、主承銷商、招股說明書簽署日期等。

同時，招股說明書的扉頁應刊登發行人董事會類似如下的聲明。

一、發行人董事會已批准本招股說明書及其摘要，全體

董事承諾其中不存在虛假記載、誤導性陳述或重大遺漏，並對其真實性、準確性、完整性承擔個別和連帶的法律責任。

二、公司負責人和主管會計工作的負責人、會計機構負責人保證招股說明書及其摘要中財務會計報告真實、完整。

三、中國證監會、其他政府機關對本次發行所做的任何決定或意見，均不表明其對本發行人股票的價值或投資者收益的實質性判斷或保證。任何與之相反的聲明均屬虛假不實陳述。

四、根據《證券法》等的規定，股票依法發行後，發行人經營與收益的變化由發行人自行負責，由此變化導致的投資風險，由投資者自行負責。

五、投資者若對本招股說明書及其摘要存在任何疑問，應諮詢自己的股票經紀人、律師、專業會計師或其他專業顧問。

此外，對於招股說明書概覽，發行人應在概覽中披露發行人及其控股股東、實際控制人情況，發行人的主要財務數據及主要財務指標，本次發行情況及募集資金用途等。本次發行概況包括本次發行的基本情況（如股票種類、股數、發行方式、對象，發行費用等）、本次發行的發行人和有關的中介輔導機構、本次發行至上市前的重要日期（主要包括詢價推介時間、定價公告刊登日期、申購日期和繳款日期、股票上市日期）。對於發行人的基本情況應該包括發行人應披

露的基本情況，如註冊名稱、註冊資本、法定代表人、成立日期和位址等，以及發行人的聯繫方式。另外，如果發行人存在改制重組和股本變化等情況，也應該一併披露。

盡職調查

盡職調查程序是擬定招股說明書時所不可缺少的一個步驟。它可以讓有關各方自行瞭解法定職責、交易結構和招股說明書內容。

在盡職調查過程中，建立盡職調查委員會通常就是為了履行盡職調查這一程序。該程序包括對公司全方位的考察以及對招股說明書披露的資訊進行詳細的核實。由 IPO 程序中的關鍵參與人開展盡職調查，包括公司董事和高級管理人員、承銷商、律師、會計。

《公司法》規定了與招股說明書錯誤或誤導性聲明，或重要遺漏相關的責任條款。這些條款適用於公司、公司董事及其他參與擬定招股說明書的個人。鑒於資訊披露的重大責任和相關《公司法》規定的責任，得到正確的專業建議對擬定招股說明書至關重要。同時，為了得到正確的專業性建議，也需要仔細考慮如何選擇公司專業顧問和開展盡職調查。重要的是，在某些情況下，盡職調查程序可以說明公司依據《公司法》對潛在責任進行法定辯護。

▋呈遞上市申請文件

世界上各個國家或地區的證券法律對上市申請應提交的文件所作出的規定是不盡相同的，這裡以澳洲證券交易所（ASX）為例，就一般情況的上市申請所須遞交的文件做說明。

澳洲證券交易所要求申請人遞交上市文件，必須確認所有所需的資料已載入上市文件，或將於提交審核前載入上市文件的最後版本。對新申請人而言，預期最後定稿的上市文件須於暫定聆訊日期至少足 25 個營業日之前向 ASX 遞交，如果有必要修訂，須於暫定聆訊日期至少足 4 個營業日之前提交最後文稿。一般來說，未經 ASX 同意，上市申請人一概不得對上市文件的最後文稿做出任何重大修訂。

按照澳洲證券交易所上市規則，擬上市企業遞交的上市文件，必須包括公司盈利紀錄說明、公司上市後兩年業務目標說明和有關的風險因素。關於風險因素的規定，則必須至少包括以下方面：是否存在與發行人本身有關的風險；是否有與發行人業務有關的風險，例如產品、服務或業務活動本身附帶的及與發行人業務所在行業有關的風險；是否存在與發行人有關的宏觀風險，包括地理、經濟、政治及匯率、貨幣管制或其他與發行人或其經營業務的市場有關的其他財務風險；其他能使投資者做出知情判斷的細節及資料，如申請人的業務、盈利與虧損、資產與負債，財政狀況、管理層及

前景，以及該等證券附帶的權利及買賣安排。

　　具體而言，正式掛牌上市申請須包含下列內容。

　　一、按照規則擬好的證券發行文件或資訊備忘錄。

　　二、由申請人所有董事（或其具備經認證權威性證明的代理人、律師）共同簽署的信件，其中證實該證券發行文件符合《公司法》規定，或其資訊備忘錄符合規定要求及其他澳洲證券交易所要求的條件。費用明細表中列出相應的上市費用明細。

　　三、按規定申請人獲正式授權人員的簽字聲明。

　　四、按規定由保薦人獲正式授權的人員的簽字聲明。

　　五、保薦人出具的營運資本信。

　　六、註冊成立證書或等同的函件副本。

　　七、一封關於聲明該章程遵守本規則的信函。在上市申請未被正式審核之前，如仍有任何必要的更正未獲得證券持有人的批准，澳洲證券交易所也可以接受一份關於儘早修改文件，以使之符合要求的承諾。

　　八、若澳洲證券交易所有要求，任何機構持有人持有5%或以上已發行的股份，提供獲得該機構持有人正式授權人員所作出的聲明，提供該機構註冊地點、董事、證券持有人及其他澳洲證券交易所要求的詳情。

　　九、有關保薦人獨立性證明。

　　十、免責聲明。上市材料須在檔案資料（不包含封面）

的首頁突出位置以粗體寫明下列免責聲明：「本披露文件所載證券已向澳洲證券交易所提出上市申請；不得以任何方式，將證券在澳洲證券交易所上市視為實體名稱或證券之功績；澳洲證券交易所對本規則的內容概不負責，對其準確性或完整性不做任何聲明，並明確表示對本規則任何部分相關內容或引起的損失不承擔任何責任。」

此外，有關不限量發行的其他上市材料要求包括：為不限量發行而準備的上市材料，須特別指出可發行的固定收益證券總值的最大額度；本上市材料須包含適用於固定收益證券發行計畫下可予以發行的所有固定收益證券的一般條款和條件。

保薦書和保薦工作報告

前面內容已經提到了保薦人在上市過程中的重要性，所以，保薦書和保薦工作報告在上市過程中的重要性自然是不言而喻的。

保薦書是保薦機構及其保薦代表人為推薦發行人證券發行而出具的正式法律文件，保薦機構在保薦書中對發行人是否符合發行條件、發行人存在的主要風險、保薦機構與發行人的關聯關係、保薦機構的推薦結論等事項發表明確的法律意見。

保薦書是評價保薦機構與保薦代表人從事保薦業務是否誠實守信、勤勉盡責的重要依據之一。

保薦書基本內容包括：本次具體負責推薦的保薦人姓名、保薦業務執業情況等；發行人情況，包括發行人名稱、註冊地及時間、聯繫方式、業務範圍、本次證券發行類型等內容；內部審核程序及內部審核意見；對已經按照法律規定對發行人及其控股股東、實際控制人進行盡職調查、審慎核查的承諾；對本次證券發行明確發表推薦結論；發行人行業地位、經營模式、產品結構、經營環境、主要客戶、重要資產以及技術等影響持續盈利能力的因素，詳細說明發行人存在的主要風險，並對發行人的發展前景進行簡要評價；逐項說明本次證券發行是否符合法定上市條件，註明出每項結論的查證過程及事實依據。

保薦工作報告是保薦書的輔助性文件。保薦機構應在發行保薦工作報告中全面記載推薦發行人的主要工作過程，並盡可能詳細說明盡職推薦過程中所發現的發行人存在的主要問題及解決情況，從而充分提示發行人所面臨的主要風險，使相關文件的觀看者能夠對這些問題有比較全面的瞭解。

保薦工作報告的主要內容應當包括以下幾個方面：保薦機構內部的專案審核流程情況；此次證券發行專案執行的過程，主要包括專案執行成員組成，進場工作的時間、盡職調查的主要過程、保薦代表人參與盡職調查的工作時間以及主要過程等；盡職調查過程中發現的主要問題以及對這些主要

問題的研究，分析與處理情況；核查其他服務機構出具專業意見的情況，說明其他服務機構出具意見與其所作判斷存在的差異以及對該差異的處理情況；專案本身存在的問題及其解決情況。

此外，一般情況下，審核機構在收到保薦人呈遞的上市申報相關文件後，需要對某些問題進一步瞭解，這時他們可能會就這些問題向保薦人提出問題。此時，保薦人需要根據所涉專業性問題的專業性，要求相關仲介輔導機構提供專業的意見，並最終匯總這些意見，進而向審核機構做出集中回覆。

▌ 上市申報的審批標準

世界各地證券交易所的上市申報審批標準並不完全一致，但基本的流程都是相同的，此處仍然以澳洲證券交易所掛牌上市——適用於所有境外上市申請者的審批標準為例，對此問題加以說明。

澳洲證券交易所的上市審批標準不僅要滿足適當的結構和營運模式、註冊、證券發行文件、財務報表等方面的要求，同時，上市審批還須滿足最低分布要求、市場總市值或資產的要求、對固定收益證券發行人的其他審批要求，以及國際豁免上市公司審批要求和投資管理計畫的其他審批要求，其

中包括滿足交割結算機構的要求。企業在上市申報時，制定的章程必須以滿足澳洲證券交易所的各種規則為前提。

適當的結構和營運模式

企業要在澳洲證券交易所上市，需要滿足適當的結構和營運模式。首先，申請人的結構和營運模式必須適合成為上市公司的標準。其次，除非澳洲證券交易所另有規定，否則申請人申請正式掛牌上市時，其主要業務須與其過去三個財政年度大致相同。這是逃不掉的硬性規定，企業在上市前一定不能輕易做出更改，更不能為了要走捷徑而忽略掉。

註冊

關於註冊事項的相關規則，首先申請人必須根據澳洲或其他國家的相關法律正式或註冊或按照其他有效方式建立，並按照申請人制定的章程營運。其次，申請人的章程必須符合澳洲證券交易所的規則。若申請人被批准於澳洲證券交易所正式掛牌上市，則適用於下列規定。

若規則要求執行某行為，則企業制定的章程不得禁止該行為；

若規則要求執行或不執行某行為，則企業制定的章程應

允許執行或不執行該行為（視具體情況而定）；

不論企業制定的章程中如何規定，若規則禁止執行某行為，則不得執行該行為；

企業制定的章程應包含任何規則要求其包含的規定；

企業制定的章程理應不包含任何規則要求其不得包含的規定，且若與本規則中任何一條衝突，該章程理應不包含該規定。

證券發行文件

根據澳洲證券交易所的相關規定，申請人必須發布證券發行文件。澳洲證券交易所擁有絕對權利，酌情決定資訊備忘錄能否代替證券發行文件，該資訊備忘錄須滿足下列條件。

申請人未在過去三個月內募集資金，且在上市申請獲批後在三個月內無募集資金的計畫；

申請人符合規則中列出的股份分布要求；

申請人以澳洲證券交易所認可的方式將該資訊備忘錄發送給證券持有人或以澳洲證券交易所認可的方式進行公告。

若申請人是國際豁免上市公司，則適用於不同的規則。

須在澳洲建立並持續擁有一份在澳洲證券登記簿（或子

登記簿）或託管權益登記簿；

須委任代理人負責澳洲的服務；

須為依公司法規定的國外註冊公司；

須指派專人用英語與澳洲證券交易所就澳洲證券交易所上市規則進行溝通；

須披露申請人所在地的司法法律與澳洲法律在關於證券持有人權利義務規定方面的重大區別；

須公開待上市之後為其進行國際上市公司審計的審計師姓名、資歷和經驗，以及運用的審計標準。

財務報表

關於財務報表的規則，首先申請人必須曾公布或提交過財務報表並向澳洲證券交易所提交過副本。其財務報表須滿足：符合規則規定，涵蓋至少近三年時期，其最新的財務報表須涵蓋截至上市材料日之前至少 6 個月時間；須為有關申請人及其所有控股實體的合併財務報表（澳洲證券交易所另行同意的除外）。

對於財務報表未滿三年的申請人，如果滿足澳洲證券交易所規定的下列條件仍可以被接受。

投資者獲取必要資訊，可以對申請人及其證券做出合理評價；

該申請為固定收益證券申請，由申請人之外的擔保人進行擔保，且該擔保人已公布或提交了過去三年的經審計的財務報表；

該申請為固定收益證券申請，該證券附帶的相關義務已獲得充分擔保。

其次，澳洲證券交易所可酌情要求申請人將其已複核的資產負債預估表和覆核結果一併提交給澳洲證券交易所。但是，如規則要求向澳洲證券交易所提供財務報表，申請人則須遵守以下規定，並按照以下規定進行獨立審計。

一、如果該實體在公司法限定意義範圍之內掌控另一實體，或該實體是另一實體的控股公司，則依據法律、法規、規則、會計標準，或依照澳洲證券交易所的要求，所提供財務報表須合併報表。

二、財務報表須按照公司法編制，並在所有重要方面與澳洲會計準則相吻合。如果該實體為國際上市公司或國際豁免上市公司，則按照澳洲會計準則、國際財務報表準則或其他載於上市規則程序中的準則編制。財務報表中須明確列出所採取的準則。

三、如果規則要求財務報表經過審計，則該審計必須是獨立的，並且審計師需要按照澳洲審計準則進行；如果該實體為國際上市公司或國際豁免上市公司，則按照澳洲審計準則，審計與簽證準則理事會頒布的國際審計準則，或其他載

於上市規則程序中的準則編制。審計須由國外與審計師同等職位的人員進行，財務報表中須明確列出所採取的準則。

四、如果規則要求財務報表經過複查，則複查須由審計師按照澳洲審計準則進行；如果審計人為國際上市公司或國際豁免上市公司，則按照澳洲審計準則，審計與簽證準則理事會頒布的國際審計準則，或其他載於上市規則程序中的準則編制。審核須由國外與審計師同等資格的人員進行，財務報表中須明確列出所採取的準則。

五、如果董事聲明與財務報表有關，則該董事聲明和財務報表一同提交給澳洲證券交易所。

8

成功境外上市後的
持續責任

・重大事項的披露
・上市後的持續合規
・投資者關係管理

企業在境外上市後有些持續性的責任，其中包括：上市後重大事項的披露、上市後的持續合規、上市後投資者關係管理，以及上市後財務報告的發布。此外，與關聯方進行的交易也是上市公司在上市後的持續責任中重要的內容。

▌ 重大事項的披露

　　上市公司對重大事項做資訊披露，既是上市公司的責任，也是上市公司的義務。這是因為上市公司與非上市公司不同，上市公司的投資者主要是社會公眾。而作為社會公眾的這些投資者，他們購買股票或其衍生品的目的主要就是分享公司業績增長的成果，從而獲得資金的增值。

　　但是，這些作為社會公眾的投資者，他們要想在投資之前做出正確的投資選擇，對投資風險和收益做出合理判斷，就必須有一個全面如實地瞭解公司的生產經營情況和財務狀況的管道。這個管道是什麼呢？就是上市公司有關重大事項的資訊披露文件。

　　不僅如此，作為市場的監管者同樣需要對上市公司的有

關情況瞭解和監督，所以，上市公司對公司的重大事項做出及時、全面的披露，也是市場監管層做好市場監管工作，保證市場監管有效進行的必要條件。

上市公司的資訊披露，是上市公司與投資者、市場監管者之間的主要交流管道，是世界各國對其上市公司進行規範和管理的主要制度之一，也是上市公司區別於非上市公司的一個最主要的特點。

境外上市企業資訊披露的特殊性

資訊披露制度的目的主要是上市公司為保障投資者利益，接受社會公眾的監督而依照法律規定將其自身的財務變化、經營狀況等資訊和資料向證券管理部門和證券交易所報告，並向社會公開或公告，其目的主要是為了使投資者充分瞭解情況，以便做出正確的投資選擇。其中，資訊披露的制度既包括發行前的披露，也包括上市後的持續資訊公開，主要由招股說明書制度、定期報告制度和臨時報告制度組成。

資訊披露法律制度是由多方主體參與的制度，概括起來有四大類。第一類主體是證券市場的監管機構和政府有關部門，它們所發布的資訊往往是有關證券市場大政方針的；第二類是資訊披露的一般主體，即證券發行人，所披露的主要是自己的以及與自己有關的資訊；第三類是證券市場的投資者，一般沒有資訊披露的義務，而是在特定情況下，它們才

履行披露義務。第四類是其他機構，比如說，股票交易場所等自律組織、各類證券仲介輔導機構，它們一般會參與制定一些市場交易規則，所以有時也會發布極為重要的資訊。

這裡需要特別指出的是，境外上市企業會因為涉及兩個不同法域的證券市場，而不同證券市場所屬的法律體系、司法制度、法律責任體系等都存在一定的差異，造成境外上市企業與境內上市企業相比，有其一定的特殊性。

境內上市企業與境外上市企業相比較，不管在資訊披露的語言使用、資訊發布時間、資訊內容的選擇還是在信息披露的標準要求上都存在著巨大的差異。作為企業，不僅要熟悉上市地的資訊披露制度，同時也要清楚母國的相關監督制度。

資訊披露的原則

上市公司的資訊披露制度有著嚴格的原則規定，上市公司在進行資訊披露時，必須保證資訊披露內容的真實、準確和完整，沒有虛假記載、嚴重誤導性陳述或重大遺漏，並就此保證承擔連帶責任。

對於違反原則規定的資訊披露，涉及披露虛假資訊的行為，《公司法》、《證券法》、《刑法》都規定了嚴格的處罰措施。綜合來講，上市公司的資訊披露必須遵循真實、準確、完整、及時和公平的原則。

真實性原則要求披露的資訊應當是以客觀事實或具有事實基礎的判斷和意見為基礎，以不被扭曲和不加誇張的方式再現或反映真實狀況。真實性原則是資訊披露最根本也是最重要的原則。

　　準確性原則要求上市公司在資訊披露時必須用精確的語言表達其含義，在內容和表達方式上不得使人誤解。準確性原則要求公司披露的預測資訊必須具有現實的合理假設基礎，並本著審慎的原則，同時以警示性語言提醒投資者不應過於依賴此種資訊。

　　完整性原則要求將所有可能影響投資者決策的資訊進行披露，不僅要披露對公司股價有利的資訊，更要披露對公司股價不利的各種潛在的或現實的風險因素，否則，將導致投資者無法獲得有關投資決策的全面資訊。

　　及時性原則要求上市公司應及時地依法披露有關重要信息，是境外主要證券市場對上市公司資訊披露的基本要求。事實上，及時性原則既是上市公司及時做出重大事項調整的保證，又是投資者及時做出理性投資決策的依據，同時，也是社會監管層降低監管難度和成本的有效手段。

　　公平披露原則要求上市公司向所有大小投資者平等地公開重要資訊。公平披露原則是防止出現利用內幕資訊進行證券交易的保證。

上市公司的披露標準

雖然對於投資者來說，上市公司的資訊披露對投資者的投資選擇至關重要。但作為企業，到底該把什麼樣的資訊拿出來披露呢？這就涉及企業資訊披露的選擇標準。總體來說，上市公司的披露標準主要按照「重要性」標準來衡量，但什麼是「重要」的資訊呢？其實，有關「重要性」的衡量標準本身就具有一定的相對性。

這是因為一件具體事項的發生對於不同的主體的重要性的意義並不等同。因為不同的主體，其規模、利潤、資產、商業營運性質及其他因素都會有所不同。

此外，確定重要性標準還存在一個平衡問題。也就是說，上市公司所披露的資訊，既要能說明到一切投資者做出合理的投資決策，又不能因此使市場充斥過多的噪音。

境外一些主要的證券市場在確定重要性標準方面，還是有一些相對比較成熟的經驗。歸納起來看，境外主要證券市場確定重要性的標準主要有兩個，一個是影響投資者決策標準，根據該標準，一件事項是否重要取決於其是否對投資者的決策產生影響。比如說，日本採用的就是投資者決策標準來界定重要性的。另外一個是證券價格敏感標準，根據該標準，一件事項是否重要取決於其是否會影響上市證券價格。比如說，英國以及香港等採用的就是證券價格敏感標準來界定重要性的。

實際上，在市場有效、監管健全的證券市場中，上述兩種標準僅僅是從兩種角度關注和強調同一個問題，兩種標準不存在本質的衝突。也有一些國家採用的是比較寬泛的雙重標準制。比如說美國就是同時將「影響投資者決策」和「影響上市證券市場價格」並列作為判定資訊重要性的標準。

資訊審查與內容披露

根據證券交易所的上市規則及有關上市協定，對上市公司報告內容的審查主要由證券交易所進行，同時，上市公司在發生某些重大事項時也需要向證券監管機構報告。

境外主要市場證券交易所對上市公司資訊披露報告的審查程序有兩種模式：一種是事前審查，也就是上市公司在發生重大事項時要首先向證券交易所申報，經審核後才可公開披露；一種是事後審查，也就是上市公司在發生重大事項時即時披露資訊，同時向證券交易所及主管機關申報。

這兩種審查程序的模式是各有利弊的。事前審查雖然可以較好地說明證券交易所判斷資訊的重大影響程度，從而選擇最佳的資訊披露時機、方式並採取合理的措施，但卻存在效率低、監管成本高的弱點，而且上市公司申報資訊到證監會審核通過，中間還需要一定的時間，資訊披露的及時性會大打折扣。而事後審查雖然具有效率高、監管成本低、披露更為及時等優點，但卻不容易在事前控制重大資訊披露不規

範的風險。

此外，證監會和證券交易所對上市公司資訊披露的內容一直以來都有著比較嚴格的規定。對所有上市公司而言，有幾項內容屬於必須披露的內容。這其中主要包括證券發行信息、定期報告以及常常會被企業所忽略的臨時報告。

上市公司披露的每一項內容其實都有它的一些特有的規定及特點。

歸納起來，境外證券市場上市公司的證券發行資訊披露制度，主要有三個特點：其一，以招股說明書或公司債券募集說明書為主要形式，在內容上，與招股說明書要求的內容基本一致；其二，不同層次市場的招股說明書的內容要求並不完全相同，一般主板市場上市公司招股說明書的要求更為嚴格，要求披露的內容也更多，尤其是現在有關公司業務發展目標、公司董事及主要管理人員的情況，以及對風險因素的分析、風險警告說明等內容的要求方面；其三，在資訊披露的具體做法方面，存在細微的差別，如有的市場上市公司在正式招股前可發布招股說明書草稿，而多數市場只需要發布正式招股說明書。

在定期報告的披露方面，通常創業板市場定期報告的披露頻率要高於主板市場。定期報告根據報告的性質不同，所要求披露的內容也不完全相同。市場不同，對定期報告披露的頻率即報告間隔也不一樣。具體來講，定期報告主要包括年度報告、中期報告（半年度報告）、季報告和月度報告。

其中，年度報告和中期報告（半年度報告）的內容最為全面，也是各主要市場上市公司定期報告的主要形式。另外，部分證券市場還會要求上市公司提供季報告，但季報告的內容會比年度報告和半年度報告少很多。而月度報告的披露內容為最少，並且只有個別市場要求上市公司披露月度報告。

事實上，上市公司披露的資訊內容中，除了上面介紹的證券發行資訊和定期報告外，還有一類資訊常常會被上市公司所忽略的，這類資訊可以被稱為臨時報告。一般來說，要求披露臨時報告主要是為了避免當上市公司在經營過程中發生了某些重要事件，而恰巧這些事件可能對股票及其衍生品的價格產生重大影響，但廣大投資者因其對事件並不知情的情況下，可能給投資者帶來的損失。

通常情況下，臨時報告可能會涉及的問題主要包括：重大事件報告、澄清事實報告、其他常規報告。

此外，上市公司還應當及時、公平地披露所有對公司股票及其衍生品交易價格可能產生較大影響的其他資訊。

▎上市後的持續合規

境外上市的企業往往是在母國或者免稅港註冊，透過證券發行後登錄上市地的證券市場，所發行的證券在國際市場上流通，並將國際市場上的融資透過企業回流到母國。因為

中國企業在境外上市的這種特殊性，就決定了企業經常會面臨各種不同的法域。

作為企業，選擇在境外上市，既要遵循本國監管要求，也要遵循上市所在地的監管要求，如果在兩個或多個國家上市，則面臨多國監管下的法規遵循問題。

同時，因為境外上市融資的國內法與國際法保護的依據不同，也在一定程度上給境外上市公司帶來一些潛在的合規風險。對於這些上市後的合規風險，企業要做到心中有數，並在上市後做好持續合規工作。

大陸企業在跨境上市時，經常會發生一個問題：在解決某一問題時，不同國家證券監管法律產生法律效力上的抵觸。

為什麼會這樣呢？這是因為大陸企業在跨境上市時，會受到多個法域法律的管轄和監管機構的監管。作為跨境上市的公司，除了要遵守本地法律外，還應遵守上市地的證券法律和各類交易規則。

一般來說，對於大陸企業跨境上市這類經濟活動，各國監管機構通常都會傾向於用本國的法律對其實施法律管轄和行政監管，但由於各國關於公司的組織管理、資訊披露的範圍、證券發行與上市要求等規定的內容是不盡相同的，這就引發了證券監管法律之間的衝突。

但與此同時，這種證券監管法律之間的衝突正在逐步地減小，已開發國家市場法規越來越多地成為規範國際金融市場的規則。這既是開發中國家和新興市場國家移植已開發國

家的法律和國際慣例，使其在本國適用的結果；也是已開發
國家根據證券發行與上市的屬地管轄和保護本地投資者的需
要，大量援引、要求上市公司使用本地區的法律，使國內法
逐步國際化的結果。這種證券監管法律間衝突的減小，在很
大程度上，也減少了跨境上市企業在法律合規方面的難度。

　　同時值得我們注意的是，大陸企業在境外上市後，違規
被罰事件屢有發生。這些被處罰甚至退市事件的發生，原因
多為對境外上市地資訊披露要求的不夠理解或是存在僥倖心
理所導致的。

　　因此，企業在境外上市時加強資訊披露意識，對上市所
在地的證券監管法律有通盤瞭解是十分必要的。比如說，美
國 2002 年頒布的《薩班斯 - 奧克斯利法案》，其突出特點是
加重了上市公司高級管理人員及公司外部審計師的責任，很
多內容改變了以往的監管理念和商業道德準則，並對建立和
維持有效的公司內部控制機制做出了明確規定。

　　事實上，在企業境外上市方面，有關合規上的另一個風
險因素主要來自於資訊披露制度。

　　儘管目前大陸企業在境外上市方面，有關公司規範、公
司治理和資訊披露方面的制度建設已經比較健全，法律規範
也比較完善，如《內幕資訊管理制度》、《危機管理預案》、
《定期信息披露工作管理辦法》、《新聞發布管理辦法》《關
聯交易管理辦法》、《投資者及媒體發布會管理細則》等類
似的相關文件規範，但制度的健全與制度的執行之間還有很

大的差距。對於資訊披露合規風險的規避，不可能在建章立制後就立即排除，上市公司在制度執行層面的表現，會更為直接地影響到境外上市公司的形象及合規風險規避的程度。所以說，作為在境外上市的大陸企業來說，資訊披露制度建設及執行方面仍有待完善。以美國為例，紐交所對上市公司持續資訊披露義務的幾個重要組成部分，主要包括年度報告和季報告，此外還包括臨時報告，而臨時報告卻常常成為被多數大陸企業所忽略的內容。

不僅如此，對於突發事件的應急處置上，大陸企業更加缺乏經驗，存在合規風險，企業應重點加強這方面的管控工作，做好防範預案。

另一方面，目前在對大陸上市企業的監管中，監管部門多從自身監管角度出發制定規章，不同部門之間還存在不少立法空白和交叉之處。因此，立法部門需要儘快制定更高層次的大陸法律規範，促進立法協調統一。

▍投資者關係管理

投資者關係管理是公司持續的戰略管理行為，也就是公司透過資訊披露與交流，加強與投資者及潛在投資者之間的溝通，增進投資者對公司的瞭解和認同，提升公司治理水平，以實現公司整體利益最大化和保護投資者合法權益的重要工

作。

　　成功的投資者關係管理不僅能幫助上市公司及其股東實現加速市場對公司價值的認同，減少未來收購或股權融資的成本，實現高級職員的股票／期權激勵，從而獲取來自投資者關係各方面的重要回饋資訊。

　　投資者關係管理的基本原則是充分披露資訊、合規披露資訊、投資者機會均等、誠實守信、高效低耗、互動溝通。

　　典型的投資者關係管理活動包括接待投資者來訪、進行路演、邀請投資者參加投資者年會和業績發布會、設置投資者熱線電話和信箱，以及在公司網站設立投資者關係網頁和投資者關係論壇等。

　　作為在境外上市的中國企業，需要建立一個良性的投資者關係，在投資者關係管理上下大功夫。它在一定程度上關係著企業在境外能否持續性地受到投資者的關注，能否在境外市場健康地發展。

　　與此同時，全球經濟的一體化和資本市場的全球化，也給投資者關係管理帶來了前所未有的挑戰，既包括上市公司面臨的市值壓力更直接，投資者關係管理的壓力更明顯，又包括因為資訊披露法律制度更嚴、更新、更快等問題所帶來的披露成本和違規風險激增。

　　同時，作為境外上市企業的特殊性，面對的是上市公司股東構成更加複雜、投資者更加多樣化和國際化的情況。這些都對投資者關係管理人員的素質提出了更高的要求。

投資者關係管理的現狀

在境外上市的中國企業當中，最早被投資者集體訴訟的是「中華網」。早在 2001 年 6 月 29 日，就有投資者指控中華網公司及其管理人員和股票承銷商，在中華網發行上市過程中存在違反美國證券交易委員會和那斯達克的規則，向投資者隱瞞一些重要資訊，沒有做到準確如實披露資訊的欺詐行為，給投資者造成了重大損失。

自此之後，隨著中國企業在境外上市的數量與日俱增，有關投資者投訴的事情屢見不鮮。上市公司對主要業務預期錯誤、收益報告缺乏管控、董事會結構違反所在市場的規定、供應管理存在重大缺陷等有關公司治理方面的問題成為境外上市企業被投資者集體訴訟的主要內容，直接考驗著中國上市公司的管理和經營能力。

近些年，中國在境外的上市公司被控違反上市地法規的報導不斷。中國企業在境外上市後的投資者關係管理經受著越來越多的考驗。作為在境外上市的中國企業，越發體會到了投資者關係管理的重要性，開始重視境外企業上市後的投資者關係管理。

但儘管如此，中國企業在境外上市過程中，諸如篡改財報、違規操作、逾期存檔等低級錯誤不斷。

上市公司資訊難以透明，中國上市公司高階主管因涉嫌內幕交易被監管機構長期監控調查的案例已有數起。

中國上市公司對境外市場的無知，致使多數上市公司及其管理層對於危機事件和訴訟風險的控制和防範能力幾乎為零。經過上市地監管機構及司法部門的長期調查後，一些上市公司及其高階主管不是至今仍陷於遙遙無期的調查取證中，難以脫身，就是蒙受經濟及名譽的重大損失。

應對投資者關係管理的策略

投資者關係是企業改善治理結構、完善管理制度、提升公司業績的綜合反映。進一步說，一個擁有良好健康投資者關係的企業，也一定是一個具備完善的公司治理水準，以及優秀的投資者關係管理團隊的企業。

所以說，如何做好投資者關係管理的關鍵，就是要做到提升公司治理的水準，以及提高上市公司人員素質，建立高效的管理團隊。

要做到這點，上市公司必須從始至終嚴格遵守境外市場的上市要求，合理制定可行的上市融資計畫，全面提高公司治理能力，及時地、全面地履行資訊披露要求，提高公司經營的透明度，盡可能避免風險的發生。

同時，上市公司應根據上市地相關法令的規定，設立內部交易合規性負責人，由負責人來解答、指導、審核、批准上市公司內部人員及其關聯方，遵照法律法規和各種規章制度的強制性要求，交易公司股票以及執行上市公司對於合規

性投資者關係管理的規定。

需要強調的是，在對上市公司人員素質的管理方面，尤其要特別注意管理層與內幕消息的關係。因為相比較上市公司的普通雇員，管理層在工作中更易獲知內幕消息，而當管理層在獲得這些內幕消息後，如何進行判斷及處理，將會直接地影響公司經營及投資者利益。因此，為了避免訴訟風險帶來的名譽及經濟損失，非常有必要要求上市公司的管理層遵守最高標準的法律法規和道德水準。

實際上，除了上面提到的兩點關於投資者關係管理的應對措施外，企業還可以透過「借力」的方式來完善對於企業投資者關係的管理。怎麼「借力」呢？

中國企業選擇「背井離鄉」、「遠渡重洋」地跨境上市，客場地位是十分明顯的。所以，最為簡單的一個辦法就是選擇具備資質、口碑良好的仲介輔導機構協助公司進行上市融資及投資關係管理活動。而事實也證明了，優質的仲介輔導機構確實能為中國上市公司在境外市場紮穩根基起到積極的作用。在境外市場投資者關係管理獲得成功的中國公司，無一例外地擁有實力雄厚的仲介輔導服務機構作為其「智囊團」。這些「智囊團」通常會包括交易所、券商和投資銀行、律師、審計師、IR/PR 顧問等。他們會幫助中國企業在境外上市初期完成大量的方案構建和標準制定工作，為企業的境外上市及其後的順利運作保駕護航，極大地避免上市公司及管理層的風險。

投資者關係管理的方法

　　企業要想在投資者關係管理方面有所突破，除了做好策略上的布局和安排外，掌握有關投資者關係管理的具體操作方法也是十分必要的。

　　此外，投資者關係管理的工作還必須與公司的營運目標和發展戰略緊密配合。同時，為保證投資者關係管理工作中制定方案的準確性和有效性，公司管理層與投資者關係管理執行官須定期審閱實施方案與計畫，並定期對方案和計畫進行討論並適時修改。

　　同時，建立一支優秀的投資者關係管理團隊，充分利用投資者關係管理的資源，並盡可能地拓寬投資者關係管理的管道，是做好投資者關係管理的重要保證。

　　談及投資者關係管理的團隊，實際上現在世界各地的上市公司都有專人在負責相關的工作，其職責主要是制定投資者關係戰略，構建投資者關係管理實踐流程與方案。區別就在於，中國大部分的投資者關係管理執行官對董事會負責，而在美國和西方國家，大多數的投資者關係管理是向首席執行官負責。

　　而相同點就在於，在投資者關係管理團隊中，無論是外聘專業的投資者關係管理顧問公司，還是培養上市公司內部的投資者關係管理部門，都需要大量的專門性人才，組建專業的工作團隊。一支完整的投資者關係管理團隊應包括公共

關係和媒體專家、新聞撰稿人、市場情報員和媒體聯絡員等成員角色。

其中市場情報員主要負責市場調查研究、協調並執行投資項目、路演及投資認知研究等工作，屬於團隊中的「大腦」。

同時，作為投資者關係管理團隊的成員，只有掌握更多關於投資者關係管理的資源，並最大程度地拓寬投資者關係管理的管道，才有可能更好地完成其職責。

一般來說，投資者關係管理中最常被用到的資源，一般會包括企業簡介、企業網站。企業簡介的核心內容是企業準確的、最新的財務和營運分析。作為企業與投資者之間交流的關鍵要素，企業簡介的主要價值在於預先完成大量的分析工作，以供協力廠商用作研究報告。而企業網站常常是分析師和其他投資專家對公司進行評估的第一步。同樣地，網站必須有吸引力，可以傳達並提供投資盡職調查所需的全部資訊。除此之外，投資者關係管理人員還可以利用新聞發布會的形式，將公司財務或非財務資訊以新聞稿的形式發布給相應的財經媒體。事實上，保證上市公司在財經媒體上的曝光率，是非常有效的投資者關係管理的手段。

不僅如此，投資者關係管理的管道還常常滲透到企業日常管理的方方面面。比如說，公司可以透過路演和投資會議的形式，定期在目標區域內安排小組或一對一會議，增加公司管理層與投資團體間的面談。路演應安排在區域性投資中

心進行，以便公司發展與投資團體間的關係，為增加公司價值產生重大的影響。

　　這裡需要特別提醒企業的是，在加強和維護投資者關係管理的過程中，有一個非常重要的群體需要投資者管理人員做好維護，那就是行業分析師。因為公司完全可以透過對同類公司的賣方和買方行業分析師進行調查，以此來獲取對行業收益的估算。所以，與那些會對公司整體市場形象產生重大影響的分析師和高品質的區域買方和賣方分析師建立聯繫就顯得尤其重要。同時，對於企業來說，這些行業分析師往往也會成為吸引更多專業投資人士關注的公司、支持公司股票價格方面的重要資源。

　　除此之外，在投資者關係的日常管理過程中，建議投資者關係管理人員建立一個投資者包。投資者包可以作為公司的標準 IR 資料，提供給所有對公司感興趣的機構與個人，同時，也是投資會議和路演的標準資料包。在投資者包中不僅包括公司介紹、行業／同類公司的資訊、歷史財務情況，還應該包括經濟預測及其最近的新聞發布等內容。

　　事實上，做好投資者關係管理工作，除了上面提到的投資者關係管理過程中可以充分利用的資源和使用的方法外，還有一個非常關鍵的人物，就是投資者關係管理團隊的領導人（投資者關係管理執行官）。作為企業的高層，一定要確保投資者關係管理執行官與公司高層溝通管道暢通，甚至明確給予投資者關係管理執行官在公司的高階主管席位。因為

只有這樣，投資者關係管理執行官才能夠準確「知悉」公司資訊，有效管理投資者關係，並且也才有可能權威地，可信地闡述公司的戰略方向和營運前景。

但有一點也需要投資者關係管理執行官特別注意，投資者關係管理執行官的發言人只能根據公司首席執行官或其他對有關領域負責的高級官員的授權發言，並且必須與公司的披露政策保持一致。同時，投資者關係管理執行官還應該持續地向公司高階主管通報公開披露的資訊，並且，應該保存所有公開披露的重要資訊的檔案，以保證所有的管理層、發言人在與外界交流資訊時口徑一致。更重要的是，代表公司的發言者，無論是高階主管還是投資者關係管理人員必須用同樣的語氣和一致的態度談論相關問題。

對投資者關係管理執行官工作的要求，除了以上提到的幾點，還有一個非常重要的部分。投資者關係管理執行官還應該向高級管理層和董事會提供市場情況和資訊，使其有效的使用有關資訊進行戰略決策。

事實上，除了以上講到的上市後的持續責任外，企業在境外上市後還應該承擔相應的財務報告發布的責任。在財務報告的披露時間上，各個國家或地區對上市公司出具財務報告的頻率（即揭示時間）以及對財務報告已經記載的內容都有不同的規定。例如，以澳洲證券交易市場為例來說。澳洲要求上市公司每年、每半年及（在某種情況下）每季刊登發表規定的財務報告。

另外，上市後的持續責任中還包括對於股份發行方面的限制。上市公司在發行新股上一般要受到一定的限制，比如說，澳洲證券市場其發行量限定為相當於其在連續 12 個月期間內已發行股本的 15% 以內，除非有關情況已取得股東批准或屬於其中一項特定的例外情況。對於中小型上市公司可以在滿足若干條件的情況下發行相當於其已發行股本的額外 10% 股份。

此外，與關聯方進行的交易方面，也是上市公司在上市後的持續責任中重要的內容。在這方面澳洲上市規定，上市公司與其董事及其他關聯方進行若干交易須得到股東批准。同時，在上市後的持續責任中還包括有公司治理的內容。這方面澳洲針對上市公司的公司治理刊登發表最佳實務建議，當中僅有一小部分為約束性公司治理要求，而大部分指引也並非強制性規定。反之，澳洲採取「不遵守，須解釋」的方法，要求上市公司在年報中要對不遵守的內容給出解釋說明。

境外融資 . 1：中小企業上市新通路／高健智作 . -- 初版 . -- 臺北市：時報文化 , 2018.09
　　面；　公分 . --（Big；294）
ISBN 978-957-13-7502-1（平裝）

1. 中小企業管理 2. 融資

494　　　　　　　　　　　　　　　　　　　　　　　　　　　　　　107012040

ISBN 978-957-13-7502-1
Printed in Taiwan.

BIG294

境外融資 1：中小企業上市新通路

作者　高健智｜**責任編輯**　謝翠鈺｜**校對**　張嘉云、李雅蓁｜**封面設計**　林芷伊｜**美術編輯**　吳詩婷｜**製作總監**　蘇清霖｜**發行人**　趙政岷｜**出版者**　時報文化出版企業股份有限公司　10803 台北市和平西路三段 240 號 1-7 樓　發行專線─(02)2306-6842　讀者服務專線─0800-231-705・(02)2304-7103　讀者服務傳真─(02)2304-6858　**郵撥**─19344724 時報文化出版公司　**信箱**─台北郵政 79-99 信箱　**時報悅讀網**─http://www.readingtimes.com.tw｜**法律顧問**　理律法律事務所　陳長文律師、李念祖律師｜**印刷**　勁達印刷有限公司｜**初版一刷**　2018 年 9 月 21 日｜**定價**　新台幣 320 元｜**版權所有**　**翻印必究**（缺頁或破損的書，請寄回更換）

時報文化出版公司成立於一九七五年，並於一九九九年股票上櫃公開發行，
於二〇〇八年脫離中時集團非屬旺中，以「尊重智慧與創意的文化事業」為信念。